Joachim Wölfer · Douglas DC-3

Flugzeuge die Geschichte machten

Herausgegeben von Mike Riedner

Joachim Wölfer

DOUGLAS DC-3

Motorbuch Verlag Stuttgart

Einbandgestaltung: Johann Walentek unter Verwendung eines Dias der CLASSIC AIR, Zürich

Flugzeuge
die Geschichte machten

Eine Buchreihe im Motorbuch Verlag Stuttgart
Bisher in dieser Reihe erschienen: Concorde, Junkers Ju-52
Weitere Bände in Vorbereitung

ISBN 3-613-01451-3

1. Auflage 1992

Ein Unternehmen der Paul Pietsch-Verlage GmbH & Co.

Satz: Vaihinger Satz + Druck, 7143 Vaihingen/Enz.
Druck: Stuttgarter Druckerei, 7000 Stuttgart 80.
Bindung: E. Riethmüller, 7000 Stuttgart 1.
Printed in Germany

Inhalt

Vorwort

Junge Berliner stehen am Zaun des Flughafens Berlin-Tempelhof. Nur wenige Meter über ihnen zieht eine C-47 der USAF nach dem Start hoch.
Foto: Archiv Wölfer

Zum ersten Mal sah ich die DC-3 im Sommer 1945. Die Engländer hatten im Mai meine Heimatstadt Hamburg besetzt, und schon bald brummten über unseren Köpfen jene zweimotorigen Maschinen, die von älteren Kameraden fachmännisch als »Dakotas« bezeichnet wurden. Drei Jahre später begann die Luftbrücke, und neben den »Sunderland«-Flugbooten, die auf der Elbe Richtung Spree starteten, waren es auch »Dakotas« und Avro »York«, die zur Versorgung West-Berlins in Fuhlsbüttel aufstiegen. Der Berufswunsch, Fliegeroffizier zu werden, erfüllte sich aus verschiedenen Gründen nicht. Stattdessen absolvierte ich eine kaufmännische Lehre und konnte schließlich vor mehr als drei Jahrzehnten meinen zweiten Traumberuf, den des Journalisten, ergreifen.

Schon zu jener Zeit schnitt ich aus Zeitungen und Zeitschriften alle Meldungen, die sich mit Flugzeugen und Schiffen befaßten. Bald bot sich die Möglichkeit, zu den verschiedenen Anlässen auch Artikel über die DC-3 beziehungsweise C-47 für eine große Zahl von Publikationen zu schreiben. Der Gedanke an ein Buch über dieses wirklich einmalige Flugzeug kam auf, erstes Material wurde zusammengetragen, doch dann kamen andere Aufgaben, und das DC-3-Buch mußte warten.

Nun liegt es vor, und ich hoffe sehr, daß meine Leser mit dem Ergebnis zufrieden sind.

Viele Fluggesellschaften in allen Teilen der Welt habe ich angeschrieben, habe sie um Informationen und Fotos gebeten und erstaunlich viel bekommen. Es gab auch andere Fälle. Große amerikanische Fluggesellschaften schrieben mir, daß sie keine Zeit hätten, in ihren Archiven zu suchen, wieder andere sandten mir ohne weiteren Kommentar ihren jüngsten Geschäftsbericht. Und wieder andere sind längst Luftfahrtgeschichte geworden, ihre Piloten sind pensioniert, ihre Maschinen verschrottet worden, ihre Namen finden sich nur noch in alten Handbüchern.

Mittlerweile gibt es zahlreiche Flugzeuge, die als DC-3-»Nachfolger« bezeichnet werden; doch es sind alles keine wirklichen Nachfolger. Denn es kann eigentlich gar keinen Nachfolger für dieses einmalige Flugzeug geben. Sehr treffend hat Flugkapitän Paul Barth aus Zürich zu diesem zweimotorigen Flugzeug einen Satz zitiert, der alles aussagt, was zum Thema Nachfolger zu sagen ist: »The only way to replace a DC-3 is a DC-3« (Der einzige Weg, eine DC-3 zu ersetzen, ist eine andere DC-3). Dem ist wirklich nichts hinzuzufügen.

Elmshorn, Frühjahr 1992
Joachim Wölfer

VERBODEN TE ROOKEN
PH-AIZ
H-AIO
AEZ

Absturz im Gewitter

Fokkers Hochdecker waren in den 20er und frühen 30er Jahren im Luftverkehr der Welt weitverbreitet. Der Absturz der TWA-Maschine bei Bazaar im Bundesstaat Kansas führte letztlich zum »Aus« für Fokkers damalige Verkehrsflugzeuge. Hier stehen im Hangar von KLM vorn eine dreimotorige Fokker F.XX (PH-AIZ), dahinter drei Maschinen des Typs F.VIIB und eine Fokker F.XVIII (PH-AIO).
Foto: KLM

Dienstag, 31. März 1931. Mit gekrauster Stirn blickt ein rundlicher, mittelgroßer Mann aus dem Fenster seines Büros am Kansas City Airport hinüber auf das Flugfeld. Ein Nieselregen geht auf die Flugzeuge herunter; dreimotorige Schulterdecker der Typen Fokker F.VII und F.10A, dazu ein paar Ford »Tri-Motor« und einige einmotorigen Maschinen verschiedener Muster.

Nicht wenige der Flugzeuge draußen tragen am Rumpf die Aufschrift der Fluggesellschaft, bei der Jack Frye als Vizepräsident für den Flugbetrieb zuständig ist: *Transcontinental & Western Air Inc. (TWA).*

Frye zieht nicht nur wegen des Wetters, das sich in diesen Breiten sehr schnell ändern kann, die Stirn kraus. Ihn stört auch, daß die TWA-Maschine, die nach Westen fliegen soll, noch immer auf dem Rollfeld steht. Nach dem Flugplan hätte sie bereits vor einer Stunde starten sollen.

Ganz plötzlich hört es auf zu regnen. Die Wolkendecke reißt auf, ein paar Sonnenstrahlen lassen hier und da ölige Pfützen farbig aufschimmern.

Und so, als habe die Sonne die Menschen geweckt, umschwärmen plötzlich Mechnaiker die Fokker F.10A von TWA. Die beiden Piloten erscheinen und hinter ihnen die sechs Passagiere, die hier an Bord gehen. Einer von ihnen ist ein VIP jener Tage: Knut Rockne ist der damals bekannteste Football-Coach. Sein Ziel ist Hollywood, dort soll er als Berater für einen Film arbeiten. TWA sind sich durchaus der Ehre bewußt, daß dieser in den Staaten rundum bekannte Sportler eine ihrer zuverlässigen dreimotorigen Fokker-Maschinen für seinen Flug nach Los Angeles im Bundesstaat Kalifornien benutzt.

Anthony Fokkers dreimotorige Schulterdecker gehören Ende der 20er und zu Beginn der 30er Jahre zu den besten Verkehrsflugzeugen der Welt. Mit ihnen ist der Aufbau eines umfassenden Liniennetzes des Luftverkehrs in praktisch allen Erdteilen möglich geworden. Und es ist auch Fokker gewesen, der zusammen mit seinem genialen Chefkonstrukteur Reinhold Platz den Deutschen in den Kriegsjahren 1914 bis 1918 die besten Jagdflugzeuge gebaut hat. Eines davon war der Dreidecker D.III, mit dem der legendäre Baron Manfred von Richthofen bis zu seinem Fliegertod zahlreiche seiner 80 Luftsiege errungen hat.

Ursprünglich ist die Fokker F.VII eine einmotorige Maschine für acht Fluggäste, die – angetrieben von einem Rolls-Royce-»Eagle«-Motor von 360 PS Leistung – eine Geschwindigkeit von knapp 160 km/h erreicht. Modifikationen dieses Ausgangsmusters erhielten in den folgenden Jahren stärkere Triebwerke, und schon 1924 flog der Prototyp der F.VII von Amsterdam mit zahlreichen Zwischenlandungen nach Batavia (dem heutigen Djakarta).

Als Tony Fokker im Mai 1925 zum vierten Mal in die USA reist, um den Markt zu studieren und sich über die Fortschritte zu informieren, die seine 1921 in Nordamerika gegründete Netherlands Aircraft Manu-

factoring Company macht, erfährt er, daß Henry Ford dabei ist, in den Luftverkehr einzusteigen.
Der Mann, der als Erbauer des legendären T-Modells, der »Tin-Lizzy«, und durch die Einführung des Fließbandes für die Motorisierung Amerikas, ja, der Welt, sorgte, hat die Stout Metal Airplane Corporation erworben und bereits damit begonnen, einen täglichen Linienflugverkehr zwischen Detroit und Chicago einzurichten.
William B. Stout ist Ingenieur und Konstrukteur. Bevor er sich zur Selbständigkeit entschloß, war er Leiter der Luftfahrtabteilung der Packard-Automobilwerke gewesen. In Henry Ford hatt er den Mann gefunden, der ihm das Kapital für den Aufbau seines Flugzeugwerkes zur Verfügung stellte. Ford 2-AT heißt das erste Flugzeug aus dem neuen Werk, ein einmotoriger Ganzmetall-Hochdecker für zwei Piloten und acht Passagiere. Ein 400-PS-»Liberty«-Motor verleiht der Maschine eine Geschwindigkeit von 160 km/h, die Reichweite beträgt 640 Kilometer. Diese Ford 2-AT war das erste Ganzmetallverkehrsflugzeug, das in den USA gebaut wurde. Insgesamt elf Maschinen dieses Musters verließen die mit einem Aufwand von zwei Millionen Dollar bei Dearborn errichtete Fabrik. Alle wurden im Rahmen der von Ford und Stout gemeinsam betriebenen Fluggesellschaft eingesetzt. Am 31. Juli 1925 eröffnete die Gesellschaft eine zweite Linie zwischen Detroit und Cleveland; gleichzeitig übernahm Ford sämtliche Aktien der Gesellschaft.
Während die Ford 2-AT im täglichen Einsatz Passagiere und vor allen Dingen Post fliegen, für die es von der Regierung Subventionen in interessanter Höhe gibt, nimmt auf den Reißbrettern des Konstruktionsbüros ein neues Flugzeug Henry Fords Gestalt an: die Ford »Tri-Motor«, zunächst mit der Typenbezeichnung ATA–4, später – in modifizierter Form – ATA–5, ein dreimotoriges Ganzmetallflugzeug.
Von der ATA–4, die mit drei Wright »Whirlwind«-Motoren von je 220 PS ausgerüstet ist und 14 Passagiere befördern kann, werden 78 Stück gebaut, von der etwas größeren ATA–5 mit drei Pratt & Whitney »Wasp«-Motoren von je 450 PS Leistung für 16 Fluggäste sogar 116 Stück. Neben der Fokker F.VII mit einem Motor sind die Ford-Maschinen mit drei Triebwerken die am meisten verwendeten Passagierflugzeuge im Luftverkehr der USA jener Jahre.
Anthony Fokker erkennt auf einen Blick, welche Konkurrenz ihm in Form der volkstümlich »Tin Goose« (Blechgans) genannten Ford-Flugzeuge auf einem höchst interessanten, wachsenden Markt erwächst. Überdies hat Ford einen Wettbewerb ausgeschrieben, der die Überlegenheit seiner Flugzeuge unter Beweis stellen soll, die Ford Reliability Tour. Bei diesem Zuverlässigkeitswettbewerb sollen die Grundlagen für den Linienflugverkehr der USA geschaffen werden.
Dieser Zuverlässigkeitsflug soll von Detroit über Fort Wayne nach Chicago, Omaha, Iowa City, St. Joseph,

Blick in die Kabine eines Fokker-Verkehrsflugzeugs. Dieses Foto zeigt den großen Unterschied, den die DC-2 ihren Passagieren bot. Foto: Archiv Wölfer

Die Luft Hansa setzte in den 20er und 30er Jahren 36 Dornier »Merkur« für sechs Passagiere und zwei Piloten ein. Hier steht eine Maschine des Aero Lloyd um 1925 vor dem Start nach Königsberg auf dem Flugplatz Berlin-Johannisthal. Foto: Archiv Wölfer

Blick in die Kabine der Dornier »Merkur«. Die sechs Fluggäste saßen auf bequemen Korbstühlen. Foto: Archiv Wölfer

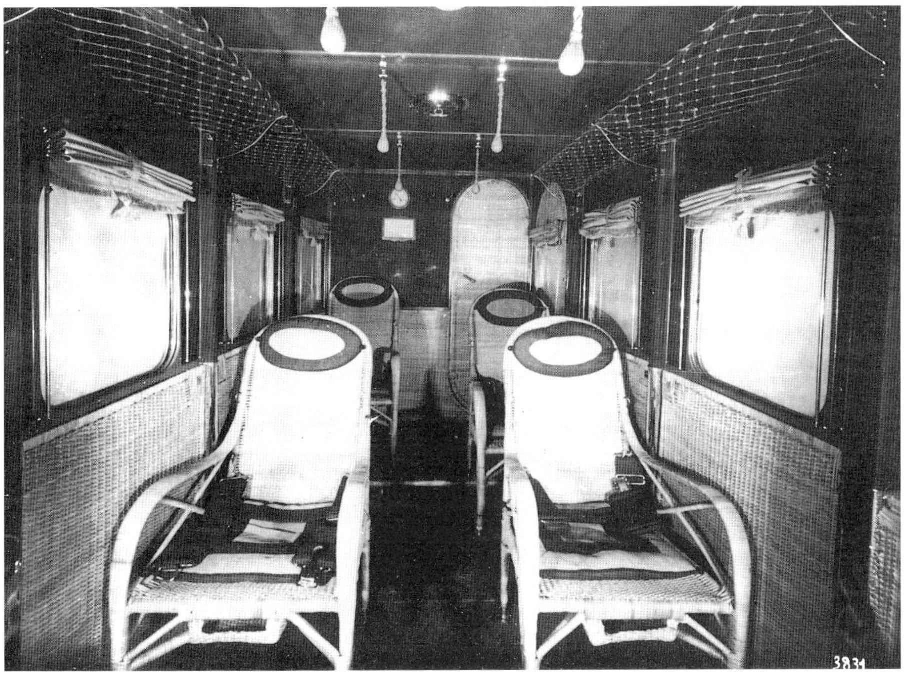

Kansas City, St. Louis, Indianapolis, Columbus, Cleveland und zurück nach Detroit führen – insgesamt eine Flugstrecke von mehr als 3000 Kilometer.
Fokker weiß, daß der Ausgang dieses Wettbewerbs für den weiteren Absatz seiner Maschinen in den USA von entscheidender Bedeutung sein wird. Er will deshalb mit einem völlig neuen Flugzeug in diesem Flugwettbewerb antreten.
Im Juli 1925 schickt Fokker seinem Chefkonstrukteur Reinhold Platz ein Telegramm und teilt ihm in Stichworten seine Vorstellungen von dem neuen Flugzeug mit. Drei Motoren von mindestens 200 PS soll die Maschine haben, und die Motoren sollen an der Flügelvorderkante angebracht werden.
Platz, der schon 1912 bei Fokker in Johannisthal bei Berlin angefangen hat, ist – wie sein Chef – kein Ingenieur, sonder hat eine Lehre als Schweißer absolviert und sich dann als so fähiger Techniker erwiesen, daß ihn Fokker, der Holländer in deut-

schen Diensten, 1916 zu seinem Chefkonstrukteur ernennt. In den ausgedehnten Werkshallen bei Schwerin werden zu dieser Zeit Kampfflugzeuge für die deutschen Luftstreitkräfte gebaut.

Im Dezember 1916 überrascht Platz mit einem kleinen, einmotorigen Jäger, der seiner Zeit so weit voraus ist, daß er bei den zuständigen Stellen des preußischen Heeres und sogar bei den bekanntesten Jagdfliegern jener Zeit auf Ablehnung stößt. Die Fokker F.1, ein höchst wendiger Eineinhalbdecker, besitzt keinerlei Verspannungen und Verstrebungen mehr. Der Rumpf ist fest mit dem unteren, halben Flügel verbunden; der obere Hauptflügel wird mit wenigen Trägern gegen den Rumpf abgestützt, der aus Stahlrohr mit Sperrholzbeplankung besteht.

Mag das kleine Kampfflugzeug auf Ablehnung stoßen – zum erstenmal wird ein Konstruktionsprinzip angewendet, das bei vielen weiteren Fokker-Konstruktionen beibehalten wird: der verstrebungsfreie Hochdecker-Flügel.

Reinhold Platz ist ein Tüftler – wie Fokker. Er hat nur ganze acht Wochen Zeit, um das neue Verkehrsflugzeug für den Wettbewerb in den USA zu bauen. So schlägt er nicht den von seinem Chef gewünschten Weg ein, die äußeren Motoren mit dem Flügel zu einer Einheit zu verschmelzen, sondern hängt die beiden äußeren Triebwerke rechts und links neben den Rumpf unter die Tragflächen, und der dritte Motor kommt in die Rumpfnase. Jedes Triebwerk leistet 240 PS. Ein Weg, den man auch bei Ford beschreitet. Für Platz gibt es angesichts des Zeitdrucks keine andere Lösung, mag sie auch noch so zukunftsweisend sein.

Ende August ist das Flugzeug fertig, in den ersten Septembertagen erfolgen die nötigen Probeflüge, dann wird die Maschine zerlegt, verpackt und nach New York verschifft. Schon am 26. September startet Tony Fokker mit der wieder zusammengebauten ersten Fokker F.VII A/3m von New York zum Flug nach Detroit.

Kaum hat der Wettflug begonnen, da zeigt sich, daß der neue Fokker-Typ seinen Mitbewerbern fast mühelos davonfliegt. Nur einen einzigen Konkurrenten hat die F.VII A/3m: eine einmotorige Ford 2-AT mit einem amerikanischen Piloten im Cockpit. Er landet drei Minuten nach Anthony Fokker in Detroit. Dieser Erfolg und zahlreiche andere Rekordflüge der F.VII A/3m – erinnert sei nur an den Transpazifik-Flug von Kingsford-Smith, die Byrd-Expedition und den Nordatlantikflug von Amelia Earhart 1928 – führen dazu, daß Fokker zahlreiche Aufträge für seine ein- und vor allem für seine dreimotorigen Typen von verschiedenen Fluggesellschaften der USA erhält.

Und eine der Gesellschaften, die unter anderem mit den dreimotorigen Fokker-Maschinen ihr Liniennetz in den USA befliegt, ist die TWA, hervorgegangen aus der Fusion von Transcontinental Air Transport (TAT) und Western Air Express. Als Trans World Airlines Inc. (TWA) gehört sie noch in unseren Tagen zu den großen amerikanischen Carriern.

Jack Frye sieht, wie die F.10 A – sie ist eine Weiterentwicklung der F.VII A/3m und wird in den USA als Super-TriMotor bezeichnet – langsam mit dröhnenden Motoren an den Start rollt. Immer schneller jagt sie über die Piste, hebt ab und verschwindet schließlich in den Wolken. Ein Punkt, der sich im Nichts aufzulösen scheint.

In Wichita werden sie bei herrlichem Sonnenschein landen, denkt Frye und setzt sich an seinen Schreibtisch. Sein Blick fällt auf die Uhr: Um genau 9.15 Uhr Ortszeit ist die TWA-Maschine gestartet.

Weniger als eine Stunde später ist sie weiter nichts als ein Haufen zerborstenes, mit Fetzen von Stoffbespannung und Holz vermischtes Wrack aus zerbrochenem Aluminium- und Stahlrohr, in dem acht Menschen den Tod gefunden haben.

»Sie fiel aus den Wolken, Ein Teil des Flügels war bereits abgebrochen und flatterte hinter der Maschine her!« erzählt der einzige Augenzeuge des Absturzes. Es ist der Sohn des Farmers, auf dessen

Vor Erscheinen der Junkers G31 und Ju52/3m war die dreimotorige G24 eines der großen Flugzeuge der Luft Hansa. Hier wird von einem Beamten der Reichsluftaufsicht der Start freigegeben.
Foto: Archiv Wölfer

Feld der Trümmerhaufen liegt, der noch kurz zuvor ein für damalige Zeiten großes, dreimotoriges Flugzeug war, das als besonders zuverlässig gilt.
Die amerikanische Presse greift diesen Flugzeugabsturz auf und verschafft ihm und der TWA eine höchst unerwünschte Publizität. Der Grund ist Knut Rockne, der berühmte Football-Coach aus dem Städtchen Notre Dame. Er ist in jenen Tagen in den USA so bekannt, wie es heute bei uns Franz Bekkenbauer sein mag. TWA und Fokker hätten – so behaupten zahlreiche Journalisten vorschnell – die Schuld an diesem Unglück. Und andere verdammen in einem Atemzug damit die gesamte Fliegerei.
Nach dem Nordatlantik-Alleinflug von Charles Lindbergh ist eine ungeheure Woge der Begeisterung für die Luftfahrt durch die USA gegangen. Nun hat dieser Absturz der F.10A die Stimmung über Nacht in das Gegenteil umschlagen lassen. Und es mutet geradezu wie eine Ironie des Schicksals an, daß ausgerechnet Charles Lindbergh Mitglied des Vorstandes von Transcontinental Air Transport gewesen ist und diese Funktion nun bei der zur TWA fusionierten Gesellschaft ausübt.
Wie die Fokker F.VIIA/3m, so ist auch die F.10A ein dreimotoriger Hochdecker mit einem Rumpf aus Stahl- und Aluminiumrohren, die mit Stoff bespannt sind. Der Flügel besteht aus Holz. Er hat innere Verstrebungen aus Fichtenholz und ist außen mit furnierten Sperrholzplatten beplankt.
Nachdem die Netherlands Aircraft Manufactoring

Company in der General Aviation Corp. aufgegangen ist, werden die Fokker-Flugzeuge von dieser Tochtergesellschaft von General Motors vertrieben. Sie ist gegründet worden, um einerseits den Absatz von Fokkers Flugzeugen auf dem amerikanischen Markt zu erleichtern, andererseits aber auch, weil der größte amerikanische Automobil-Konzern ein Gegengewicht zu den Luftfahrtaktivitäten seines Konkurrenten Ford schaffen möchte und darum 40 Prozent der Fokker-Aktien übernommen hat.
Eine umfangreiche Untersuchung zur Ergründung der Absturzursache beginnt. Anthony Fokker kommt in die USA und besichtigt zusammen mit Jack Frye die Unfallstelle. Nach Fokkers Meinung ist das Wetter so schlecht gewesen, daß man der Maschine gar keine Startgenehmigung hätte geben dürfen.
Bei TWA vertritt man eine andere Ansicht.
Danach ist der Flügel der F.10A durch Vereisung so schwer geworden, daß er schließlich abbrach. Und diese Meinung scheint durch die Aussagen des jungen Unfallzeugen gestützt zu werden. Er hat schließlich berichtet, daß die Maschine aus den Wolken bereits mit einem abgerissenen Flügel zur Erde gestürzt sei.
Doch die Experten des Bureau of Air Commerce (BAC), die Vorgängerbehörde der heutigen Federal Aviation Agency (FAA), die man mit dem Luftfahrtbundesamt vergleichen kann, kommen zu einem ganz anderen Ergebnis. Wochenlang inspizieren sie jedes noch so kleine Stück des Wracks, dann glauben sie, den tatsächlichen Grund für den Absturz gefunden zu haben: Materialermüdung – Fehler in der Holzstruktur des Flügels!
Ihr Bericht erwähnt, daß es Anzeichen für verrottetes Holz bei den Holmen und Spanten des Flügels gibt. Resultat dieses Unfallberichtes ist eine sofortige Anordnung der Regierung, wonach alle Flugzeuge dieses Bautyps einer gründlichen Untersuchung der Flügelspanten und -querholme zu unterziehen sind. Das aber bedeutet: sämtliche Beplankungen und

Die dreimotorige Rohrbach RO VIII »Roland I« für zehn Passagiere wurde in mehreren Exemplaren zwischen den Jahren 1926 und 1936 von der Luft Hansa eingesetzt. Die D-999 mit dem Taufnamen »Watzmann« war die zweite Serienmaschine. Sie wurde 1928 an die spanische Iberia verkauft.
Foto: Archiv Wölfer

Mechaniker der Luft Hansa beim Warten und Betanken einer Junkers G 24 um 1930. Foto: Archiv Wölfer

Bespannungen müssen entfernt werden, um Holme und Spanten Stück für Stück zu untersuchen. Keine Fluggesellschaft kann sich das erlauben, will sie nicht riskieren, finanziell zu Grunde zu gehen.

So bleibt Jack Frye nur ein Weg: Er muß die vorhandenen Maschinen anderer Hersteller einsetzen und überdies möglichst schnell einen Hersteller finden, der ihm ein Flugzeug baut, das aus Ganzmetall gefertigt ist und den Anforderungen von TWA entspricht. Bis dahin muß man sich vor allem mit den wenigen Ford TriMotor behelfen, um einen Flugplan aufrecht halten zu können.

Für die Fokker-Flugzeuge bedeutet die Anordnung der amerikanischen Regierung praktisch das »Aus«, und Jack Frye wüßte schon ein Nachfolgemodell für seine »Unglücksvögel«: die bei Boeing in der Entwicklung befindliche 247. Dieser Ganzmetall-Tiefdecker mit zwei Motoren vom Typ Pratt & Whitney »Hornet« von je 525 PS Leistung hat ein Einziehfahrwerk. Seine Triebwerke sind wesentlich näher am Rumpf plaziert, als das bisher üblich gewesen ist. Nachteilig erscheint dem TWA-Vize, daß die Maschine nur zehn Passagiere befördern kann, überdies behindert der durch den Rumpf laufende Hauptholm der Flügel die Bewegungsmöglichkeit der Fluggäste. Außerdem stellt sich in der Flugerprobung heraus, daß die Leistungen bezüglich Steigvermögen und der Startbedingungen auf höher gelegenen Flugplätzen – zum Beispiel in den Rocky Mountains – nicht ausreichen.

Daraufhin wird die 247 mit Hamilton-Standard-Verstellpropellern ausgerüstet. Das bringt einen Zuwachs an Steigleistung um 22 Prozent, verringert die erforderliche Startstrecke unter normalen Bedingungen um fast 20 Prozent und erhöht die Reisegeschwindigkeit der nun als Boeing 247 D bezeichneten Maschine um 5,5 Prozent.

United Airlines – mit Boeing dadurch eng verbunden, daß die zunächst von Boeing betriebene Fluggesellschaft in ihr aufgegangen ist – bestellt sechzig Flugzeuge dieses Musters und wenig später weitere zehn. Drei werden zur Erprobung an die Deutsche Luft Hansa geliefert, zwei für Flugversuche des Herstellers verwendet. So baut Boeing insgesamt 75 Maschinen dieses Musters.

Als Frye anfragt, ob auch TWA diesen Typ erhalten könne, winken die Boeing-Manager ab. Sie wollen United Airlines keine direkte Konkurrenz verschaffen.

Es ist typisch für den eben 30jährigen, zähen Manager, daß er nicht resigniert, sondern beschließt, der Konkurrenz mit einem völlig neuen Flugzeug entgegenzutreten, das besser ist als alles, was es bisher gibt und das obendrein exakt nach den Vorstellungen seiner Fluggesellschaft konstruiert wird.

Was Frye für die TWA will, ist in jenen Tagen wahrlich nicht wenig: Ein komfortables Ganzmetallflugzeug für zwölf bis 14 Passagiere, die in einer geräumigen Kabine auf bequemen Sesseln sitzen können. Drei Motoren sollen für den Antrieb sorgen, die Kabine soll gut belüftet sein, der Geräuschpegel innen dennoch möglichst gering. Schließlich soll das »Wunschflugzeug« des TWA-Vizepräsidenten die modernsten Navigations- und Funkgeräte besitzen, ein Höchstmaß an Flugsicherheit aufweisen, ein Einziehfahrwerk wird gefordert und eine Geschwindigkeit, die deutlich über der 200-km/h-Marke liegt.

Jack W. Frye richtet Briefe an die neben Boeing führenden Flugzeughersteller der USA in jener Zeit: Curtiss-Wright, Ford, Martin und Consolidated. Und er schreibt auch an Donald W. Douglas.

Der ist zwar noch keiner der ganz bekannten Flugzeughersteller, doch Frye ist ihm vor einiger Zeit auf einer Party begegnet und hat ein paar Worte mit ihm gewechselt.

Nun schreibt ihm Frye am 2. August 1932 einen Brief, der – so Donald W. Douglas später – zur »Geburtsurkunde« des modernen Verkehrsflugzeuges werden wird.

> »Sehr geehrter Mr. Douglas,
> Transcontinental & Western Air ist daran interessiert, zehn oder mehr dreimotorige Verkehrsflugzeuge zu erwerben. Beiliegend überreiche ich Ihnen unsere Spezifikation allgemeiner Art und würde mich freuen, wenn Sie mich wissen ließen, ob Ihre Gesellschaft an diesem Auftrag interessiert wäre. Sollte dies der Fall sein, wann meinen Sie, könnte das erste Flugzeug für Linienversuche zur Verfügung stehen?
> Mit freundlichen Grüßen
> Ihr Jack Frye
> P.S.: Bitte behandeln Sie diese Informationen vertraulich und senden Sie uns die Ausschreibungsunterlagen wieder zu, falls bei Ihnen kein Interesse besteht.«

Während die anderen Hersteller wegen reichlicher Auslastung ihrer Fabrikanlagen Frye Absagen erteilten, nimmt sich Donald W. Douglas im sonnigen Kalifornien den Brief und die Spezifikationen vor, kaum, daß die Anfrage bei ihm angekommen ist.

Ein großes Verkehrsflugzeug zu bauen, davon hat er geträumt, seit er begann, die ersten Konstruktionszeichnungen für Flugzeuge zu Papier zu bringen. Und nun eröffnet sich für ihn diese Chance!

Donald W. Douglas wird sie nutzen, ahnt er auch – während vor seinem geistigen Auge die ersten Formen der neuen Maschine bereits Gestalt annehmen – noch nicht, daß er mit diesem Entwurf den Grundstein zum Weltruhm für seine Flugzeuge legen wird.

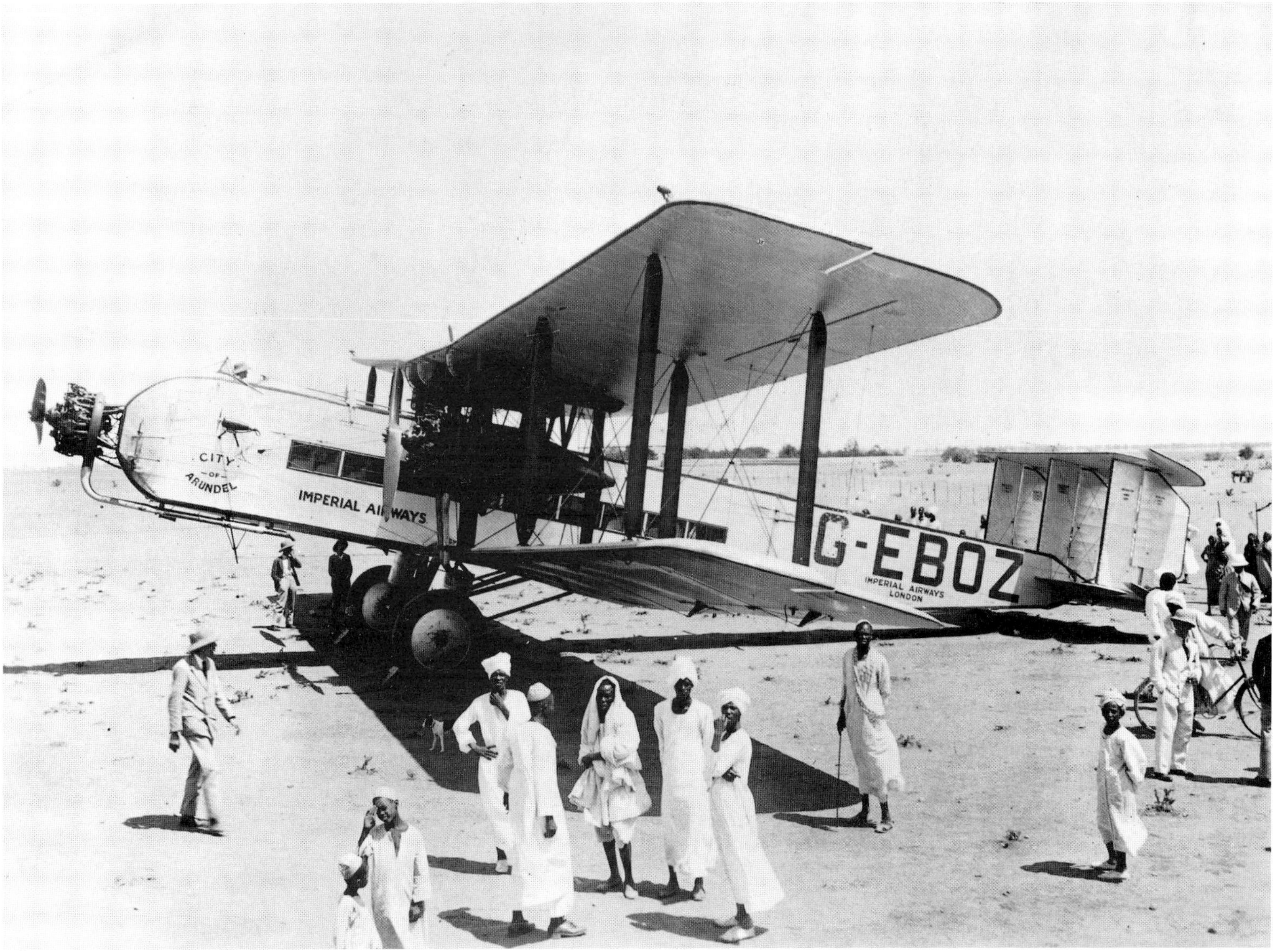

Mit dreimotorigen Flugzeugen des Typs Armstrong-Withworth »Argosy« beflogen Imperial Airways ab 1926 die Strecken nach Bagdad und Pakistan (ab 1929). Hier steht eines dieser gewaltig wirkenden Flugzeuge in Khartum/Sudan. Doch der Eindruck täuscht. Mit 27,43 m Spannweite und einer Länge von 19,66 m entspricht sie in ihren Abmessungen fast exakt denen der DC-3. Wie die DC-3 wurde sie von zwei Piloten geflogen, und mit 20 Passagieren gab es nur einen Fluggastsitz weniger als in der DC-3. Foto: British Airways

Aus der Hand des damaligen amerikanischen Präsidenten, Franklin D. Roosevelt (sitzend), empfängt Donald W. Douglas zusammen mit Mitarbeitern seines Werkes 1935 die Robert J. Collier-Trophäe für die außergewöhnliche Konstruktion der Douglas DC-2. Foto: McDonnell Douglas

Ein bescheidener Anfang

Während sich die Nacht auf Kalifornien senkt, sitzt der eben 40jährige Donald Willis Douglas noch immer über den Skizzen für das neue Verkehrsflugzeug.
Seine Gedanken gehen zurück.
Er denkt an die Jugendjahre in Brooklyn, wo er am 6. April 1892 geboren wurde. Sein Vater, William E. Douglas, war Bankkassierer. Sein ganzes Leben lang träumte er davon, zur See zu fahren. Es blieb ein Traum... Doch sein Sohn Don sollte einmal verwirklichen, was ihm verwehrt geblieben war. Er sollte in die Navy eintreten und dort Karriere machen.
Tatsächlich gelang es dem Vater, den Sohn für die US-Navy zu begeistern. So manchen Sonntag zogen die beiden zu den Werften, wo die großen, grauen Ungetüme lagen. Auf einem dieser Kriegsschiffe würde der Junior einmal Dienst tun, das war klar.
Der junge Donald war ein fleißiger, begabter Schüler. Er brachte alle Prüfungen beinahe spielend hinter sich und erhielt sogar ein Stipendium an der Marineakademie der USA in Annapolis.
Drei Jahre lang besuchte er die Marineakademie, dann verließ er sie und schrieb sich für ein Ingenieurstudium am nicht weniger berühmten *Massachusetts Institute of Technologie* ein, um Ingenieur zu werden. Eines war ihm nämlich längst klar geworden: er würde nicht als Marineoffizier zur See fahren, sondern als Ingenieur und Konstrukteur eigene Flugzeuge bauen! Und anders als der Vater, bei dem sich Mutter Dorothy immer wieder für den Sohn einsetzen mußte, bis er schließlich den Wunsch des Jungen akzeptierte, blieb es für Donald W. Douglas nicht beim Wunsch, nicht beim Traum.
Der Anfang allerdings war höchst bescheiden.
Dabei hatte sich zunächst alles recht erfolgversprechend angelassen. Während seines Studiums hatte er bereits Windtunnelversuche unternommen. Das war damals – kurz vor dem Ersten Weltkrieg – noch etwas recht Revolutionäres in den USA. In Deutschland allerdings hatte sich Hugo Junkers sehr eingehend mit Windtunnel-Versuchen für seine aerodynamischen Forschungen beschäftigt.
Vier Jahre dauerte das Studium zum Ingenieur am M.I.T. üblicherweise – Donald W. Douglas schaffte es in der Hälfte der Zeit. Und als er sein Ingenieurdiplom in der Tasche hatte, bot man ihm die Stelle eines wissenschaftlichen Institutsassistenten an. Die wurde mit 500 Dollar pro Jahr nicht eben fürstlich honoriert, doch für Douglas bot sich dabei die Möglichkeit, seine Forschungen zu erweitern und seine Kenntnisse zu vertiefen. Überdies bekam er Kontakt zu zahlreichen Wissenschaftlern, die sich mit der Aerodynamik beschäftigten.
In Europa hatte mittlerweile der Weltkrieg begonnen, und 1916 – als man in den USA den Eintritt in die Kampfhandlungen nicht mehr ausschließen konnte – erreichte Donald W. Douglas der Ruf, als Zivilist Chefingenieur der Nachrichtentruppe in Washington

zu werden. Die Nachrichtentruppe des amerikanischen Heeres war damals für alle Luftfahrtaktivitäten zuständig. Aus dieser Truppe wurde später das Heeresfliegerkorps (USAAC). Erst nach dem Zweiten Weltkrieg wurde die Air Force zur eigenständigen Teilstreitkraft.

Douglas sollte hier Flugzeuge entwerfen, die deutschen Jägern der Typen Fokker und Albatross überlegen waren. Der eben ernannte Chefingenieur machte sich an die Arbeit.

Er brachte zahlreiche Entwürfe zu Papier.

Und da blieben sie auch. Denn die finanzielle Ausstattung der Nachrichtentruppe war zu gering, um die konstruierten Flugzeuge auch tatsächlich in die Luft zu bringen.

Enttäuscht verließ Douglas die Heeresflieger und kehrte zu Glen L. Martin zurück, wo er nach seiner Zeit beim M.I.T. schon gearbeitet hatte. Dort war man mit der Konstruktion eines zweimotorigen Bombers beschäftigt. Das war der erste Auftrag, den die Heeresflieger einem amerikanischen Flugzeughersteller erteilt hatten. Zwar wurde der erste Entwurf nicht verwirklicht, doch der darauf entwickelte Nachfolgetyp Martin MB-2, ein zweimotoriger, verspannter Doppeldecker ging in Produktion und kam in einer größeren Stückzahl zu den US-Heeresfliegern. Eine dieser Maschinen war es, mit der der spätere General William »Billy« Mitchell am 20./21. Juli 1921 vor der Küste Floridas bei Cape Henry das deutsche Großlinienschiff »Ostfriesland« versenkte. Dieses Kriegsschiff war als Beute an die USA übergeben und hier als Zielschiff verwendet worden. Nachgewiesen werden sollte dadurch, daß schwere Bomber durchaus in der Lage waren, Großkampfschiffe anzugreifen und zu vernichten.

War Donald W. Douglas einerseits auch sehr zufrieden mit seiner Arbeit in der Fabrik von Glen L. Martin, so blieb doch der Gedanke an eine eigene Fabrik, in der er seine Ideen verwirklichen konnte, ohne daß er Kompromisse schließen mußte, stärker. Im April 1920 verließ er Glen L. Martin und zog nach Los Angeles um. Dort mietete er das Hinterzimmer eines Friseurladens und machte sich an die Arbeit. Schon wenig später hatte er seinen ersten Auftrag. Ein Freund von ihm, der bei Glen L. Martin für Presse- und Öffentlichkeitsarbeit zuständig gewesen war, arbeitete nun als Sportjournalist in Los Angeles. Er machte Douglas mit David R. Davis bekannt. Der war nicht nur ein begeisterter Privatpilot, sondern auch Millionär. Davis hatte sich in den Kopf gesetzt, im Non-Stop-Flug von einer Küste der USA zur anderen zu fliegen.

Es gelang Donald W. Douglas, den Millionär davon zu überzeugen, daß er ihm das benötigte Flugzeug bauen werden, und David R. Davis steckte 40000 Dollar in das Unternehmen. Douglas begann, mit seinem Team von Fachleuten das für den Rekordflug vorgesehene Flugzeug zu bauen. Die *Cloudster* (»Wolkenstürmer«) genannte Maschine ist ein einmotoriger Doppeldecker mit einem Rumpf von 10,67 Meter Länge und einer Flügelspannweite von 17,06 Meter. Ein für damalige Zeiten nicht eben kleines Flugzeug, das einen »Liberty«-Motor von 400 PS Leistung hat. Mit diesem Flugzeug will David R. Davis von Los Angeles an der amerikanischen Westküste ohne Zwischenlandung nach Long Island an der US-Ostküste fliegen.

Der Bau der Maschine schreitet gut voran.

Der Rumpf der *Cloudster* besteht aus einem Gerüst von Holzspanten, die mit Holzfurnier beplankt werden. Als er seiner Vollendung entgegengeht, stößt man an die Grenzen des Raumes. Die alte Fabrikhalle, in der man bisher gebaut hat, ist einfach zu klein, um die *Cloudster* in ihrer ganzen Größe aufzunehmen.

Also wird der 400-PS-Motor auf einen Lastwagen verladen, der mit seinem kräftigen Hauptfahrwerk versehene Rumpf wird wie ein Anhänger am Lkw befestigt, und dann geht die Fahrt zur neuen Fertigungsstätte los. Im Osten von Los Angeles hatte

Als Rekordflugzeug gebaut, konnte die »Cloudster« (Wolkenstürmer) als erstes Flugzeug eine Nutzlast tragen, die etwa seinem Eigengewicht entsprach. Der vorgesehene Rekordflug mißlang, die »Cloudster«, das erste zivile Flugzeug, das die konstruktive Handschrift von Donald W. Douglas trug, wurde später zum Passagierflugzeug umgebaut.
Foto: McDonnell Douglas

Douglas eine alte Luftschiffhalle von Goodyear mieten können. Dort wurde der Bau der *Cloudster* vollendet. Die beiden Flügel wurden ebenfalls aus Holzspanten gebaut, ihr Skelett mit Stoff bespannt, der imprägniert wurde.
Anfang 1921 wird das erste von Douglas unter seinem Namen gebaute Flugzeug aus der Halle gerollt. Eric Springer, der ehemals Chef-Testpilot bei Glen L. Martin gewesen ist, klettert in das Cockpit, um die große Maschine zum Jungfernflug in die Luft zu bringen. Der Motor springt an, dreht spuckend durch und läuft dann rund. Springer hebt die Hand, die Bremsklötze werden weggezogen, mit dröhnendem Motor jagt die Maschine über die Piste – und kommt nicht vom Boden hoch!
Kein Konstruktionsfehler – die Piste ist zu kurz für die schwere, große *Cloudster* – Springer bremst ab, bevor die Maschine zu Schaden kommt.
Also wird die *Cloudster* demontiert und zum March Field im nahen Riverside gebracht. Dort wird sie wieder zusammengebaut und startet am 24. Februar 1921 erfolgreich zum ersten Flug.
Vorher ist die Maschine von einer Nichte des Besitzers getauft worden. David R. Davis selbst sitzt neben Springer im Cockpit.
Vier Monate später, am 27. Juni 1921, starten Springer und Davis um 6.00 Uhr morgens zum Rekordflug. Schwerfällig erhebt sich die vollgetankte Maschine vom Boden und beginnt mit etwa 140 km/h ihren rund 4000 Kilometer langen Flug. Zuverlässig versieht der Motor seinen Dienst. Als die beiden Männer am späten Nachmittag El Paso überfliegen,

beginnt der Motor zu stottern, Springer und Davis sind gezwungen, eine Landung in Fort Bliss/Texas vorzunehmen.
Noch bevor die reparierte Maschine nach Los Angeles zurückgeflogen ist, um zu einem zweiten Versuch zu starten, reißen zwei junge Piloten des Heeres mit einer einmotorigen Fokker T–2 den Rekord an sich. Davis verkauft die *Cloudster* daraufhin. Der Rumpf ist so geräumig, die Kraft der Maschine so groß (als erstes Flugzeug kann die *Cloudster* als Nutzlast ihr eigenes Gewicht in die Luft bringen), daß die Maschine zum Passagierflugzeug umgebaut wird.
Diesen Umbau nimmt T. Claude Ryan vor, der die Maschine erworben hat. Und der Mann, der aus dem »verunglückten« Rekordflugzeug eine Passagiermaschine für zwölf Fluggäste macht, wird nur einige Jahre später ein Flugzeug bauen, das in die Geschichte der Luftfahrt eingeht: die Ryan NYP *Spirit of St. Louis,* mit der ein junger Postflieger namens Charles A. Lindbergh am 20./21. Mai 1927 im Non-Stop-Alleinflug von Roosevelt Field bei New York nach Paris fliegt. 33 Stunden und 39 Minuten benötigt er mit seinem kleinen Flugzeug für die 5810 Kilometer lange Strecke.
Amerika hat seinen Helden!
Und Charles A. Lindbergh wird zu einem gefragten Berater des amerikanischen Luftverkehrs. So wird er Vorsitzender des technischen Komitees der Fluggesellschaft Transcontinental Air Transport (TAT). Diese Gesellschaft wird Ende Juli 1930 mit der Gesellschaft Western Air Express zu Transcontinental und Western Air Inc. (TWA) vereinigt.
Kommt Charles A. Lindbergh von Transcontinental Air Transport zu TWA, so ist Jack Frye bisher in der Geschäftsleitung von Western Air Express gewesen. Die beiden Männer, die für den technischen Betrieb, also das fliegende Material, die Ausbildung der Piloten und den Aufbau der Streckennetze ihrer bisherigen Fluggesellschaften zuständig gewesen sind, treffen als kongeniale Luftfahrtexperten aufeinander. Und es wird Lindbergh sein, der an die DC-1 von Douglas Anforderungen stellt, die keines der anderen amerikanischen Verkehrsflugzeuge bisher erfüllen mußte.
Doch das greift der Zeit voraus.
Kaum ist das Abenteuer mit der *Cloudster* beendet, da setzt sich Donald W. Douglas in die Bahn und fährt nach Washington. In den USA beginnt der Aufbau der Marineluftwaffe, und Douglas ist entschlossen, den Admiralen das benötigte Fluggerät zu bauen.
Tatsächlich gelingt es Douglas, einen Auftrag zum Bau von drei Flugzeugen zu erhalten – doch nun stellt sich erneut das Problem der Vorfinanzierung. Und wieder hilft ihm sein alter Freund Bill Henry, der ihm schon die Bekanntschaft mit David R. Davis vermittelt hatte. Diesmal erklärt sich der Verleger der *Los Angeles Times* dazu bereit, der zusammen mit einigen Freunden einen Betrag in Höhe von 15000 Dollar aufbringt. Mit diesem Geld begann Douglas mit seinen Mitarbeitern in einer kleinen Fabrikhalle in Santa Monica mit dem Bau der nächsten Flugzeuge.
Im Herbst 1923 begannen in Santa Monica die Arbeiten an einem Flugzeugtyp ganz besonderer Art. Die unter der Bezeichnung DT–2 entwickelte Maschine konnte mit einem Radfahrwerk versehen oder mit Schwimmern als Wasserflugzeug geflogen werden. Der einmotorige Doppeldecker hatte eine Rumpflänge von 10,67 Meter – identisch zur *Cloudster* – und eine Spannweite von 15,20 Meter. Zum Einbau kam hier ein V12-»Liberty«-Motor von 420 PS Leistung, der für eine Höchstgeschwindigkeit von 165 km/h sorgte.
Aufgabe dieser Flugzeuge – gebaut wurden vier Stück – sollte es sein, einen Flug um die Welt in möglichst kurzer Zeit durchzuführen.
Die Idee zu diesem Wettflug war eine weitere jenes Mannes, der auch den Angriff auf die *Ostfriesland* geflogen hatte: William »Billy« Mitchell.
Im Dezember 1923 gab die Regierung grünes Licht

Zu den frühen Entwürfen von Donald W. Douglas und seinem Team gehörte auch das Amphibienflugboot Douglas »Dolphin«. Hier eine Maschine der amerikanischen Coast Guard.
Foto: McDonnell Douglas

für die Durchführung dieses Unternehmens, das unter der Leitung von Major Frederick Martin stand. Die Maschinen, die von jeweils zwei Mann geführt wurden, erhielten die Namen von Städten der USA: Boston, Chicago, New Orleans und Seattle.

Schon beim Anflug der ersten Etappe, die nach Alaska führte, stieß die *Seattle* unter Führung von Major Martin, dem Leiter des Rund-um-die-Welt-Fluges, gegen einen Berg. Die Maschine wurde zerstört, die Besatzung kam ums Leben. War der Start der Maschinen für den 6. April 1924 vorgesehen, so dauerte es noch bis zum 3. Mai, bevor sich die Maschinen auf die Reise machen konnten. Das Unternehmen stand nun unter der Leitung von Lowell H. Smith, dem Führer D.T.2 mit dem Taufnamen *Chicago.*

Fünf Monate und 22 Tage später hatten die Besatzungen der beiden verbliebenen Maschinen (die *Boston* hatte im Nordatlantik niedergehen müssen, die Besatzung war von dem amerikanischen Kreuzer *Richmond* geborgen worden) am 28. September den Ausgangspunkt Seattle wieder erreicht. Der Flug um die Welt war gelungen, und nicht nur die Besatzungen wurden mit Ehren überschüttet, auch Donald W. Douglas mit seiner kleinen Flugzeugfabrik in Santa Monica profitierte vom Erfolg seiner erfolgreichen Flugzeuge.

Heeres- und Marineflieger erteilten Aufträge für Aufklärer und Torpedoflugzeuge, von der Coast Guard kamen Bestellungen für Amphibienflugzeuge. Unter ihnen war das Muster »Dolphin«.

Und nun ist Donald W. Douglas fest entschlossen, für die TWA ein Passagierflugzeug zu bauen, wie es bisher noch nicht zu haben war.

Einhundert Flugzeuge in 54 Wochen

Mit ihr fing alles an: Die erste und einzige Douglas DC-1 im Dienst von TWA. Sie steht hier – am 1. Juli 1933 – auf der Piste von Santa Monica, nachdem Douglas-Cheftestpilot Carl Cover die Maschine zum erstenmal geflogen und trotz des Abfalls der Motorenleistungen wieder sicher zu Boden gebracht hatte.
Foto: McDonnell Douglas

Am 2. August 1932 hat Jack Frye seinen Brief an Donald W. Douglas geschrieben. Acht Monate später nimmt der Rumpf des neuen Flugzeuges Gestalt an, und in der letzten Juni-Woche des Jahres 1933 wird die DC-1 aus dem Hangar am Clover Field gerollt.

Auf den ersten Blick ist die Eleganz der Maschine zu erkennen, nun soll die DC-1 in der Flugerprobung zeigen, ob sie technisch hält, was sie optisch verspricht. Das zweimotorige Flugzeug, das da silberglänzend unter dem Himmel Kaliforniens steht, hat 307 000 Dollar gekostet. Darin eingeschlossen sind die Konstruktion, die Kosten für das Personal und für das Material. Angesichts der Preisvorgabe von 125 000 Dollar für ein einzelnes Flugzeug durch den TWA-Vizepräsidenten erscheint der tatsächliche Preis der DC-1 völlig unrealistisch.

Doch während die DC-1 noch nicht eine einzige Stunde geflogen ist, hat man sich bei Douglas schon Gedanken über eine vergrößerte Version mit der Bezeichnung DC-2 gemacht, sind die Blaupausen dafür bereits fertig.

Am Sonnabend, dem 1. Juli 1933, um die Mittagszeit, stehen hunderte von Douglas-Arbeitern vor den Werkhallen am Clover Field. Sie wollen dabei sein, wenn ihr jüngstes »Baby« sich zum ersten Mal in die Luft erhebt.

Den ganzen Vormittag über hat Carl A. Cover, der Chef-Testpilot von Douglas, die DC-1 über den Taxiway rollen lassen, um sich mit den Eigenschaften des Prototyps vertraut zu machen.

»Ein ideales Flugzeug, das sich wunderbar handhaben läßt«, sagt er zu seinem Chef. Dann rollt er mit der Maschine in Startposition, die Motoren dröhnen auf, lassen die Luftschrauben zu silbrig-glänzenden Scheiben werden. Das Flugzeug jagt immer schneller über die Piste, hebt ab und beginnt unter dem Jubel der Zuschauer zu steigen.

Doch dann stockt den Menschen am Boden der Atem!

Sie sehen, wie Cover die Nase der Maschine hochnimmt, um mehr Höhe zu gewinnen – und im selben Moment setzt der linke Motor aus! Cover läßt die Maschine leicht nach unten kippen – das Triebwerk läuft wieder. Erneut versucht Cover, mehr Höhe zu gewinnen. Diesmal setzen beide Motoren aus, und die Untenstehenden sehen, wie das große Flugzeug ohne Motorengeräusch durch die Luft schwebt.

Kein Zweifel: Ein Absturz scheint nicht mehr aufzuhalten!

Doch dem fähigen Piloten gelingt es erneut, die Triebwerke zu starten. Wieder will er Höhe gewinnen, und wieder setzen die Motoren aus.

Was ist bloß mit den verdammten Triebwerken los?

»Ich habe selbst keine Ahnung, woran es liegt«, erklärt der Testpilot, nachdem ihm eine saubere Landung gelungen ist. »Jedesmal, wenn ich die Nase hochnahm, um mehr Höhe zu gewinnen, gaben die

Motoren ihren Geist auf. Und jedesmal, wenn ich die Nase absenkte, liefen sie wieder einwandfrei.«
Dabei hat Cover nicht einmal die Gashebel anzufassen brauchen. Wie von Zauberhand gelenkt, liefen die Motoren wieder, sobald sich die Rumpfspitze zu Boden neigte. Doch Cover mußte Höhe gewinnen, um in einer weiten Kurve zum Flugplatz zurückzufliegen, sonst war an eine Landung nicht zu denken.
In den nächsten fünf Tagen nehmen die Motorspezialisten von Douglas die beiden Wright »Cyclone«-Motoren immer wieder auseinander und setzen sie wieder zusammen, lassen sie laufen – und sie laufen einwandfrei!
Wo mag der Fehler sein, der dazu führt, daß die DC-1 nicht steigen will?
Schließlich werden die Mechaniker fündig. Der Fehler liegt an den Vergasern. Die Schwimmer sind falsch eingehängt und schließen die Treibstoffleitung, sobald die Maschine steigt.
Die Schwimmer werden entgegengesetzt eingehängt, ein paar kleine Änderungen an der Treibstoffzufuhr vorgenommen – und es gibt keinerlei Probleme mehr mit den Motoren. Nun bewegt sich die DC-1 mit der Eleganz in ihrem Element, die ihren Erbauern vorgeschwebt hat.
Wenig später kann der neue Typ unter Führung der Piloten D.W. Tomlinson und J. Bartles acht internationale Langstrecken-Flugrekorde aufstellen. Dabei erweist sich die DC-1 um rund 40 km/h schneller als ihre schärfsten Konkurrenten im nationalen und internationalen Markt, die Boeing 247 und die deutsche Junkers Ju52/3m.
Jack Frye ist von der DC-1 sehr angetan, doch er meint, daß eine Maschine mit 14 Passagiersitzen noch wirtschaftlicher einzusetzen wäre. Für Douglas und sein Team kein Problem – schließlich sind die Blaupausen für eine vergrößerte Version der DC-1 längst fertig. Hat die DC-1 an jeder Rumpfseite sechs Fenster und dahinter jeweils einen Sitz, so erhält der Rumpf nun eine Sektion mit einem weiteren Fenster an jeder Seite und den entsprechenden beiden Sitzen in der Kabine. Und diese sieben Fenster wird später auch die DC-3 haben. In ihr gibt es – bei größerem Rumpfdurchmesser eine Sitzreihe mehr und somit 21 Plätze.
Doch das greift der Entwicklung einen Schritt voraus. Von der DC-1, die die Buchstaben »TWA« an beiden Rumpfseiten trägt, wird angesichts der Wünsche von Jack Frye nur dieses einzige Exemplar gebaut. Es wird eine Zeitlang von dem bekannten Milliardär Howard Hughes geflogen, der Mehrheitsaktionär bei TWA wurde. Nachdem er das Flugzeug verkauft hatte, wurde die Maschine mit dem Kennzeichen G-AFIF vom britischen Viscount Forbes übernommen, wurde dann im Mai 1938 zunächst nach Frankreich verkauft und flog danach als EC-AGJ im Dienst der spanischen Republikaner. Von den Truppen Francos erbeutet und mit dem Kennzeichen EC-AAE registriert, wurde sie zur Regierungsmaschine, ging

Blick in das Cockpit der ersten Douglas-Verkehrsmaschine. Für damalige Verhältnisse war die Ausstattung – sie umfaßte u. a. einen Autopiloten – ungewöhnlich reichhaltig. Wie die Fotos im Verlauf des Buches zeigen werden, änderte sich bis in die 50er Jahre auch das DC-3-Cockpit nicht wesentlich.
Foto: McDonnell Douglas

Das war das Flugzeug, das sich Jack W. Frye wünschte: Die erste DC-2 von TWA überfliegt Kansas City während des Ablieferungsfluges.
Foto: McDonnell Douglas

1940 an die Luftverkehrsgesellschaft Iberia und verunglückte am 7. Juli 1940 beim Start. Schließlich wurde das Flugzeug, das zum Urvater für die DC-2 und 3 und ihre verschiedenen Varianten wurde, verschrottet.

Hat die DC-2 an jeder Seite des Rumpfes ein Kabinenfenster und in der Kabine einen Platz mehr, so fehlen ihr die Verstrebungen zwischen dem Rumpf und den Motorengondeln, und auch das Spornrad ist nun nicht mehr verkleidet. Das hat sich als überflüssig erwiesen.

Ein ganz besonderes Merkmal aber hat die DC-3-Vorgängerin, an dem sie leicht von der DC-3 zu unterscheiden ist: die beiden Landescheinwerfer in der Rumpfspitze geben der DC-2 ein unverwechselbares Aussehen.

Die Maschine hat eine Spannweite von knapp 26 Meter, die Rumpflänge beträgt nun 19 Meter, und

davon entfallen acht Meter auf die Kabine. Zwei Wright »Cyclone«-Sternmotoren von je 720 PS Leistung geben der DC-2 eine Geschwindigkeit von 365 km/h und bei 60 Prozent der maximalen Motorenleistung eine Reisegeschwindigkeit von 290 km/h. Neben den modernsten Navigations- und Blindfluggeräten jener Zeit verfügt die DC-2 über etwas bis dahin noch nie Dagewesenes: einen Autopiloten.
Diese DC-2 entspricht genau den Vorstellungen von Jack Frye. Umgehend erteilt er für TWA einen festen Auftrag über 27 Maschinen dieses Typs. Bedenkt man, daß jedes Flugzeug umgerechnet pro Stück mehr als 250000 Reichsmark kostet, so ergibt das einen Auftragswert von 6,75 Millionen Mark.
Doch Frye ist nicht lange der einzige Auftraggeber für die DC-2. Innerhalb kurzer Frist gehen von überall Bestellungen für das neue Verkehrsflugzeug in Santa Monica ein. American Airlines bestellen 15, Eastern Airlines – vor mehr als einem Jahrzehnt Vorreiter für den europäischen Airbus A300 auf dem nordamerikanischen Markt – ordern 14 DC-2, Pan American Airlines elf.
Auch in Europa, Asien und Australien wird man auf das neue Verkehrsflugzeug aufmerksam. Die niederländische KLM gibt 15 DC-2 in der normalen Passagierversion in Auftrag, dazu drei weitere für den Einsatz nach Niederländisch-Indien, fünf ordert die Swissair, drei Polens Fluggesellschaft LOT, zwei die tschechoslowakische CLS. Außerdem kommen Aufträge aus Japan, China und Australien.

In der DC-2 gab es Platz in einer Kabine, die hinsichtlich der Abmessungen und des Komforts neue Maßstäbe setzte: Heizung und Frischluftzufuhr konnten über jedem Sitz individuell geregelt werden. Foto: McDonnell Douglas

Eine VIP-Ausführung der DC-2 mit breiten Drehsesseln im Einsatz bei United Airlines. Foto: United Airlines

Am 25. April 1987 erhob sich vom Flughafen Long Beach eine Douglas DC-2, die von der DOUGLAS HISTORICAL FOUNDATION in mehr als fünf Jahren völlig restauriert worden war.
Foto: McDonnell Douglas

Innerhalb von nur 54 Wochen bauen die Arbeiter der Douglas-Werke in Santa Monica 100 Maschinen des Musters DC-2. Und der Mann, der erleben muß, wie seine ein-, zwei- und dreimotorigen Schulterdecker durch die DC-2 ersetzt werden, ist sogar als Verlierer noch Sieger.

Während in seinem Werk nahe Amsterdam der Prototyp der riesigen, viermotorigen Fokker F.XXXVI vollendet wird, ein Flugzeug mit 32 Sitzplätzen, das bei der KLM im Dienst nach Niederländisch-Indien mit 16 Betten eingesetzt werden soll, ißt Anthony Fokker mit einem früheren Angestellen zu Mittag. Der ist jetzt bei KLM beschäftigt und erzählt Fokker ganz arglos, daß sich KLM-Präsident Dr. Albert Plesman, mit dem er auf einen Drink zusammengekommen sei, stark für das neue Flugzeug aus Santa Monica interessiere. Ja, Dr. Plesman habe sogar die Überlegung angestellt, ob es nicht möglich wäre, die DC-2 unter Lizenz in Holland für den europäischen Markt zu bauen. In Frage käme dafür das Flugzeugwerk Aviolanda in Papendrecht, wo bereits eine ganze Reihe von deutschen Dornier-Flugzeugen im Rahmen eines Lizenzvertrages montiert worden sind.

Fokker wird blaß bei diesen Worten.

Er weiß, daß es ihm nicht möglich sein wird, in kürzester Frist eine Gegen-DC-2 zu entwickeln und zu bauen, denn er muß mit ungeheuren Investitionen seine gesamten Werkzeuge neu anschaffen.

Anthony Fokker verläßt seinen Gast vorzeitig mit einer Entschuldigung und eilt in sein Büro. Von dort telegrafiert er an Donald W. Douglas in Santa Monica, um die Lizenzbau-Rechte der DC-2 für Europa zu erhalten. Es wird ein Wettrennen zwischen Fokker und dem KLM-Präsidenten, das wenige Tage zugunsten Fokkers entscheiden. Am 27. Oktober 1933 geht Fokkers Telegramm hinaus, am 8. November bittet Dr. Plesman um die Rechte. Doch bereits einen Tag zuvor hat Fokker aus Santa Monica einen Vorbescheid erhalten, der ihm die Lizenzrechte sichert. Damit wird sein Werk für Europa das Flugzeug bauen, das nun immer mehr seine bespannten, hölzernen Schulterdecker ersetzt.

Tatsächlich wird kein einziges Flugzeug wirklich bei Fokker gebaut. Doch er montiert in seinem Werk die 39 Passagierflugzeuge des Musters DC-2, die von europäischen Fluggesellschaften gekauft werden. Unter ihnen sind auch die Maschinen der KLM, die damit wieder zum Kunden von Fokker wird.

Eine weitere Lizenz erhält die britische Firma Airspeed Ltd., doch bei ihr werden keine DC-2 montiert.

Bei KLM werden einige Maschinen im Passagierflugverkehr zwischen Amsterdam und Batavia/Niederländisch-Indien (heute: Djakarta/Indonesien) eingesetzt. Für die annähernd 15000 km lange Strecke benötigen die Douglas DC-2 knapp sechs Tage – bei einer reinen Flugzeit von 52 Stunden.

1934 wird die erste nach Holland gelieferte und bei Fokker montierte DC-2 mit dem Kennzeichen PH-AJU und dem Taufnamen »Uiver« (»Storch«) zweite im McPherson-Robertson Air Race zwischen London und Melbourne mit vielen Etappen. Für die 17800 km benötigt sie bei zehn Zwischenlandungen 90:13.36 Stunden. Dabei sind die beiden Piloten, K.D. Parmentier und J.J. Moll, großenteils auf der ganz normalen Linie nach Batavia geflogen, haben sogar einige zahlende Passagiere an Bord gehabt und in den Postsäcken 30000 Briefe mit Sondermarken und entsprechenden Stempeln, die heute gesuchte Raritäten der internationalen Philatelie sind.

Äußeres Kennzeichen der von Fokker montierten DC-2 und DC-3 für den europäischen Luftverkehr ist übrigens der Schriftzug des cleveren Holländers rechts und links am Rumpfbug unter der Weltkugel mit dem Firmenzeichen von Donald W. Douglas.

Fünfzig Jahre nach diesem Rekordflug wird er mit einer restaurierten DC-2 wiederholt, an deren Steuer ein Mann mit berühmtem Namen sitzt: Flugkapitän Jan Plesman. Der KLM-Pilot ist Enkel des Firmengründers Dr. Albert Plesman. Über diesen zweiten Flug auf der Strecke von Amsterdam über London nach Melbourne wird noch an anderer Stelle berichtet werden.

Donald W. Douglas verfolgte im heimatlichen Santa Monica diesen Flug seiner DC-2 mit allergrößtem Interesse, waren doch unter den Mitbewerbern jeweils eine Boeing 247 und eine Lockheed 14, beides Typen, die damals im amerikanischen Luftverkehr eine Rolle spielten. Überdies schickten andere Nationen – unter ihnen Großbritannien, das mit der De Havilland »Comet« (nicht zu verwechseln mit dem vierstrahligen Verkehrsjet der 50er und 60er Jahre) den Sieger stellte – spezielle »Rennflugzeuge« in den Wettbewerb.

Unter diesen Umständen stellt der zweite Platz der DC-2 eine ganz großartige Leistung dar. Sie wird sich natürlich auch auf die weiteren Verkäufe des erfolgreichen Typs auswirken.

Sechs DC-2 von TWA auf dem Flughafen von Kansas City. Das Foto entstand am 14. November 1934.
Foto: McDonnell Douglas

Als erste Luftverkehrsgesellschaft Europas setzte die niederländische KLM die – von Fokker montierte – Douglas DC-2 (hinten) und dann auch die DC-3 (vorne) ein. Bemerkenswert an der PH-ALI: die Tür befindet sich an der rechten Seite der Maschine.
Foto: Archiv Wölfer

UNITED
110

Schlafend von Küste zu Küste

Nachtstart! Die Dunkelheit hat sich auf große Teile der USA gesenkt, ein Douglas Sleeper Transport wird startfertig gemacht.
Foto: United Airlines

Während die Serienproduktion der DC-2 bei Douglas anläuft und bei TWA die Flugerprobung der ersten gelieferten Maschine dieses Typs im Mai 1934 auf der Strecke Columbus –Newark–Pittsburgh beginnt, billigt der amerikanische Kongreß am 12. Juli 1934 ein Gesetz, das auf den Luftverkehr der USA ganz entscheidend Einfluß nehmen wird.

Dieses Gesetz, das unter der Bezeichnung »Black-McKellar Bill« in die Geschichte des Luftverkehrs Nordamerikas eingehen wird, hat eine Neuregelung des Luftpost-Verkehrs und die Erteilung der entsprechenden Konzessionen (einschließlich der Subventionen, die durch die US-Regierung gezahlt werden) an die Fluggesellschaften zum Inhalt. Gleichzeitig werden die Linienrechte für die verschiedenen Carrier festgelegt. Und es hat auch beträchtlichen Einfluß auf die Flugsicherheit in den USA. Es enthält nämlich die Bestimmung, daß das Bureau of Air Commerce – die Vorgängerin der heutigen Luftfahrtbehörde Federal Aviation Administration (FAA) – jene Behörde sein wird, die über Nordamerikas Luftverkehr »wacht« und allen Piloten und Flugzeugen erst nach sorgfältiger Prüfung von Mensch und Material die notwendigen Lizenzen erteilt.

Ganz besonders wichtig an diesem neuen, allumfassenden Gesetz ist auch die Tatsache, daß darin eine Loslösung der Flugzeughersteller von den Luftverkehrs-Gesellschaften gefordert wird. In Zukunft ist jede Beteiligung eines Flugzeug-Herstellers an einem Carrier untersagt und ungesetzlich.

Das ist ein Punkt, der die Douglas-Company in keiner Weise betrifft. Donald Douglas hat sich immer von derartigen Beteiligungen freigehalten, und der Erfolg gibt ihm Recht. Bei ihm kann jeder seine Flugzeuge kaufen, eine Bevorzugung einzelner Kunden gibt es nicht. Ja, das neue Gesetz verhilft ihm sogar noch zu zusätzlichen Bestellungen, denn der Ruf seiner DC-2 hat sich längst herumgesprochen. Und so könne nun auch alle jene Fluggesellschaften in Santa Monica ordern, die bisher an andere Hersteller gebunden waren.

Eine Folge des Gesetzes ist auch die Gründung einer Luftverkehrs-Gesellschaft in den USA, die im Laufe der kommenden Jahre und Jahrzehnte zu einer der größten und mächtigsten des Landes werden wird. Daß es dazu kommt, ist das Verdienst eines Mannes, der ein Gespür dafür hat, wie man aus dem kommerziellen Luftverkehr ein wirtschaftlich gesundes Unternehmen machen kann: Cyrus R. Smith.

Der Texaner hat Recht und Wirtschaftswissenschaften studiert, danach in einer Bank und im Büro eines Betriebsprüfers gearbeitet, bevor er in die Geschäftsleitung eines Energieversorgungs-Unternehmens eingetreten ist. Dort hat er das Ressort Finanzverwaltung übernommen. Und dieses Energieversorgungs-Unternehmen hat eine Tochterfirma – eine Fluggesellschaft.

»CR« Smith stellt sehr bald unter Beweis, wie eine Fluggesellschaft wirtschaftlich arbeitet. Ihm wird nachgesagt, daß er es gewesen sei, der dem Luft-

Die Curtiss »Condor 32« hat zwar als Verkehrsflugzeug keine besondere Rolle gespielt, doch die Entwicklung der DC-2 zur DC-3 hat sie entscheidend beeinflußt. Bei einem Flug mit der als »Schlafflugzeug« ausgerüsteten Maschine gab »CR« Smith, damals Präsident von American Airlines, die Anregung zum Bau eines »Schlafflugzeuges« auf der Grundlage der DC-2. Hier die CH-170 im Dienst der Swissair. Sie stürzte am 27. Juli 1934 bei Tuttlingen während eines Fluges nach Deutschland ab. Dabei wurde neben der Cockpit-Crew und den Passagieren auch die erste Stewardess im europäischen Luftverkehr, Nelly Diener, getötet.
Foto: Swissair

verkehr der USA ganz entscheidende neue Impulse gegeben habe. Waren vor seiner Zeit auf den Flughäfen nur armselig wirkende, winzige Baracken für die Abfertigung der Fluggäste vorhanden, so veranlaßt Smith den Bau der ersten richtigen Terminals und macht den Luftverkehr in den USA, der bis dahin mehr oder weniger als Abenteuer wagemutiger Menschen angesehen wurde, sozusagen »salonfähig«.
Seine Maximen lauten: Der Fluggast muß ein Transportmittel erhalten, das so schnell und so sicher ist wie möglich, das Bequemlichkeit bietet und Zuverlässigkeit, und das dennoch wirtschaftlich eingesetzt werden kann. Dabei müssen die Flugpreise so gestaltet werden, daß sich möglichst viele Menschen ein Ticket leisten können.
Seinen Mitarbeitern erklärt Smith: »Verkaufen Sie das Flugzeug als ein genauso selbstverständliches Transportmittel, wie es ein Schnelldampfer, die Eisenbahn oder der Greyhound-Bus ist.«
Die Gesellschaft, die unter seiner Leitung zu einer der mächtigsten im amerikanischen Luftverkehr werden soll, ist American Airlines. Sie entsteht aus dem Zusammenschluß einiger kleiner Gesellschaften. Zu ihnen gehört auch Texas Air Transport, bei der »CR« Smith im Auftrag des Energieversorgungs-Unternehmens das Ressort Finanzen verwaltet.

»Guten Morgen, Ihr Frühstück, Miss!« Elegant wie aus dem Modejournal läßt sich die Dame die Köstlichkeiten servieren. Typisch für den DST waren die schmalen Fenster über den normal-großen.
Foto: United Airlines

Schon bei diesem Unternehmen hat er gezeigt, was er kann.
Er schaffte, was bis dahin bei den wenigsten Fluggesellschaften getan worden ist: das Unternehmen nach wirtschaftlichen Gesichtspunkten zu organisieren. Um jene Zeit gilt noch überwiegend die Regel, daß eine Fluggesellschaft von Piloten geführt wird und nicht von Geschäftsleuten, die auf Mark und Pfennig, Dollar und Cent sehen.
»CR« Smith stellt unter Beweis, daß es auch anders geht – ja gehen muß, wenn dem Unternehmen geschäftlicher Erfolg beschieden sein soll.
Doch er wäre nicht der Mann, der er ist, wenn er sich von anderen etwas vormachen ließe. Bevor seine Piloten etwa auf den Gedanken kommen, über den »Pfeffersack«, der nur etwas von Geschäften versteht, die Nase zu rümpfen, lernt er selber fliegen und bekommt somit auch Einblick in die Probleme, mit denen die Flugzeugführer konfrontiert werden.

Um die wirtschaftliche Grundlage von American Airlines auf eine möglichst breite Basis zu stellen, kämpft er – kaum, daß er am 13. Mai 1934 Präsident der Gesellschaft geworden ist – zunächst um einen Vertrag mit der Post, der seiner Gesellschaft die Luftpost-Beförderung auf bestimmten Strecken sichert. Dieser Vertrag wird schon bald unterschrieben, und er sichert American Airlines die Postbeförderung quer über die USA von einer Küste zur anderen – allerdings in Konkurrenz zu zwei anderen, die bereits fest im amerikanischen Luftverkehr verankert sind: United Airlines und die TWA von Jack Frye.
Bei seiner Ernennung zum Präsidenten von American Airlines findet »CR« Smith eine ungeheure Typen-Vielfalt vor. Da sind dreimotorige Fokker- und Fordflugzeuge, gibt es die ebenfalls dreimotorige Stinson Modell »A«, verschiedene Muster von Belanca und Lockheed, schließlich die relativ große Curtiss »Condor«, ein zweimotoriger, bespannter Doppeldecker, mit Platz für 14 bis 15 Passagiere, die von einer Stewardess betreut werden.
Und dieses Flugzeug bietet den Passagieren von American Airlines etwas, das selbst die DC-2 nicht hat: Bis zu zwölf Fluggäste können an Bord der »Sleeper«-Ausführung den Flug von der Ost- zur Westküste oder umgekehrt »verschlafen«. Denn dieser »Sleeper Plane« hat eine entsprechende Zahl von Liegen, die denen in den Pullman-Schlafwagen ähneln. Die freundliche Stewardess beginnt mit dem Bettenmachen, kaum daß die »Condor« zum Flug quer über die USA gestartet ist. Erstmals wird dieser Dienst am 5. Mai 1934 zwischen Los Angeles und Dallas beflogen.
Einige Wochen später fliegt »CR« Smith mit seinem Chefingenieur Bill Littlewood von Dallas nach Los Angeles. Zwar sind die Männer von dem stoffbespannten »Condor«-Doppeldecker nicht sonderlich begeistert, doch die Einrichtung als »Schlafflugzeug« findet großen Anklang bei den Passagieren und gefällt auch ihnen.

So ganz nebenbei bemerkt »CR« Smith zu Littlewood: »Bill, was wir benötigen, ist die DC-2 als Schlafflugzeug!«
Immerhin hat American Airlines schon 15 »normale« Douglas DC-2 geordert, doch Smith weiß, daß der Kampf der Giganten des US-Luftverkehrs gegeneinander erst beginnen wird. Da wäre die supermoderne DC-2 als »fliegender Schlafwagen« schon ein gutes Verkaufsargument für seine Mitarbeiter im Außendienst.
»Möglich sein müßte das«, meint Bill Littlewood, zieht den Rechenschieber aus der Tasche, schreibt ein paar ermittelte Werte in sein Notizbuch und reißt den Zettel heraus. »Hier«, er reicht Smith das Stück Papier mit den Berechnungen. »Der Rumpf müßte einen größeren Querschnitt erhalten, die Spannweite vergrößert werden, dann sollte es gehen.«
Smith verliert nicht viel Zeit.
Kaum ist er von seiner Geschäftsreise zurückgekehrt, ruft er Donald W. Douglas an und trägt ihm seine Wünsche vor. Douglas ist durchaus nicht begeistert davon. Er gibt zu bedenken, daß er schon Schwierigkeiten habe, mit der Produktion der DC-2 die immer zahlreicheren Aufträge aus vielen Ländern in der ganzen Welt zu erfüllen. Nun soll er sein Flugzeug verändern und die Fertigung aufsplittern, nur um dem Präsidenten von American Airlines einen Gefallen zu tun?
Es wird ein teures Telefongespräch; denn »CR« Smith gibt sich mit dem »Nein« von Douglas absolut nicht zufrieden. »Ich gebe Ihnen 20 Maschinen dieses Typs in Auftrag, wenn Sie mir sie bauen«, sagt er schließlich.
Douglas verspricht daraufhin, ein Team seiner Leute mit den entsprechenden Projektstudien zu betrauen. »DST« wird dieses Projekt genannt – »Douglas Sleeper Transport«.
Als »CR« Smith schließlich auflegt, nicht ohne Douglas gesagt zu haben, daß er Bill Littlewood nach Santa Monica senden werde, wischt er sich den Schweiß von der Stirn. Mit Geld, über das seine Gesellschaft nicht verfügt, hat er soeben 20 Exemplare eines Flugzeugs bestellt, das es noch nicht einmal auf dem Papier gibt. Gelingt es ihm nicht, die erforderlichen 4,5 Millionen Dollar als Kredit zu erhalten, dann ist American Airlines ruiniert! Doch Smith bekommt das Geld im Rahmen der Wirtschaftshilfe, die das »New Deal«-Programm des amerikanischen Präsidenten Franklin D. Roosevelt zur Belebung der Wirtschaft des Landes vorsieht.
Währenddessen werden auf den Reißbrettern der Douglas-Werke in Santa Monica ungezählte Zeichnungen für die Details der neuen Maschine angefertigt. Sie wird praktisch eine Neukonstruktion – das erweist sich auch im Windtunnel des *California Institute of Technology*, wo ein Modell der DC-2 mit verlängertem Rumpf, vergrößertem Rumpfdurchmesser und größerer Spannweite getestet wird.
Zahllose Änderungen sind erforderlich. Sie führen auch zu einer Verlagerung des Schwerpunktes, bevor die Gewähr dafür gegeben ist, daß der DST wie ein Brett in der Luft liegt, um den schlafenden Passagieren einen möglichst ruhigen Flug zu bieten.
Dann aber, am 17. Dezember 1935 und somit auf den Tag genau 32 Jahre nach dem ersten Motorflug der Brüder Wright, wird der DST aus der Halle gerollt und startet noch am selben Tag zum ersten Flug.
Dieses zunächst als DST bezeichnete Flugzeug ist nichts anderes als die erste Douglas DC-3 in der Geschichte der Luftfahrt. Sie trägt die Zulassung XC 14988 und das Firmenlogo von American Airlines.
Noch ahnt weder Donald W. Douglas, noch einer der anderen Zuschauer dieses Erstfluges, welche bedeutende Rolle dieses zweimotorige Flugzeug in der Geschichte der Luftfahrt einmal spielen wird.

Als »Flagship Skysleeper« wurden die DC-3 in der »Sleeper«-Ausführung ein fester Begriff. Deutlich sichtbar bei der zweiten Maschine von rechts die schmalen Fenster für die oberen Liegen.
Foto: McDonnell Douglas

FLAGSHIP FT. WORTH
U.S. MAIL.
AMERICAN AIRLINES
FLAGSHIP NEW JERSEY
U.S.MAIL
AME

NC 30000
NC
30000

Höchstens 25 Stück!

Diese DC-3 mit der amerikanischen Zulassung NC 30000 wurde an Pan American World Airways geliefert und kam im Dezember 1941 – unmittelbar vor dem Angriff der Japaner auf Pearl Harbour – zur Pan Am-Tochter Pan American Grace Airways, die Liniendienste in Südamerika beflog. Besonders gut sind auf diesem Foto die nur zur Hälfte in die Motorengondeln einziehbaren Räder des Fahrwerks zu sehen.
Foto: McDonnell Douglas.

Eine Stunde und 40 Minuten dauert der erste Flug der XC 14988; und am 8. Juni 1936 wird sie mit der endgültigen Zulassung NC 14988 an American Airlines abgeliefert und unter dem Namen »Flagship Texas« in Dienst gestellt. Zusammen mit den folgenden Maschinen dieses Musters kam diese erste DC-3 im Langstreckennetz von American Airlines, beispielsweise auf der Strecke New York–Chicago zum Einsatz.

Zwar hatte sich die etwas kleiner Vorgängerin, Douglas DC-2, schon weltweit bewährt und war noch immer vielgefragt, doch die Begrüßung des neuen Typs durch die New Yorker Presse aus Anlaß der Vorstellung der ersten DC-3 im Mai 1936 fiel eher pessimistisch aus.

So hieß es in einem Bericht: »Die erste DC-3, modernste Ausführung der Douglas-Verkehrsflugzeuge, trat ihren Dienst bei American Airlines an. Obgleich noch nicht feststeht, wieviele DC-3 in Santa Monica insgesamt gebaut werden – begreiflicherweise wird das vom Eingang der Aufträge abhängig sein – scheint das Werk seine Vorbereitungen auf eine Höchstzahl von 50 Flugzeugen dieses Typs abgestellt zu haben. Allerdings dürfte diese Schätzung eher zu hoch gegriffen sein. Fachleute sind der Ansicht, daß der Markt höchstens 25 dieser großen Verkehrsflugzeuge aufnehmen kann!«

Selten haben sich »Experten« derartig geirrt.

Kaum hatte sich die Wirtschaftlichkeit des neuen Flugzeugs, verbunden mit dem gegenüber der DC-2 noch höheren Komfort herausgestellt, da buchten immer mehr Passagiere Flüge mit diesem Flugzeug bei American Airlines. Begeistert berichteten die Piloten, wie einfach und bequem diese Maschine zu fliegen sei – nicht zuletzt wegen des hier erstmals eingebauten Autopiloten der *Sperry Gyroscope Company*.

Die Vorzüge des neuen Flugzeugs, das nun die Bezeichnung DC-3 ganz offiziell trug, sprachen sich herum. Aufträge kamen von United Airlines und Eastern Airlines. Pan Am und andere amerikanische Carrier folgten. Und die Aufträge kamen aus dem Ausland, aus allen Teilen der Welt.

Wie schon erwähnt hatte sich Anthony Fokker die Lizenzrechte für den Bau der DC-2 und DC-3 in seinem Werk in den Niederlanden sichern können. Tatsächlich wurde keine einzige Maschine von Grund auf bei Fokker gebaut: der clevere Holländer wirkte nur als Agent für diese Typen, die zerlegt per Schiff nach Europa gebracht und bei Fokker montiert wurden.

1936 erteilte die KLM unter ihrem Präsidenten, Dr. Albert Plesman, einen Auftrag über elf DC-3 und gab eine Option für weitere 13 Maschinen dieses Musters. Im europäischen Liniennetz von KLM wurden die DC-3 mit der normalen Bestuhlung (21 Sitze) geflogen, auf der Strecke nach Niederländisch-Indien (heute: Indonesien) gab es nur elf Schlafsitze in der geräumigen Maschine.

Schwedens Aktiebolaget Aerotransport (ABA) –

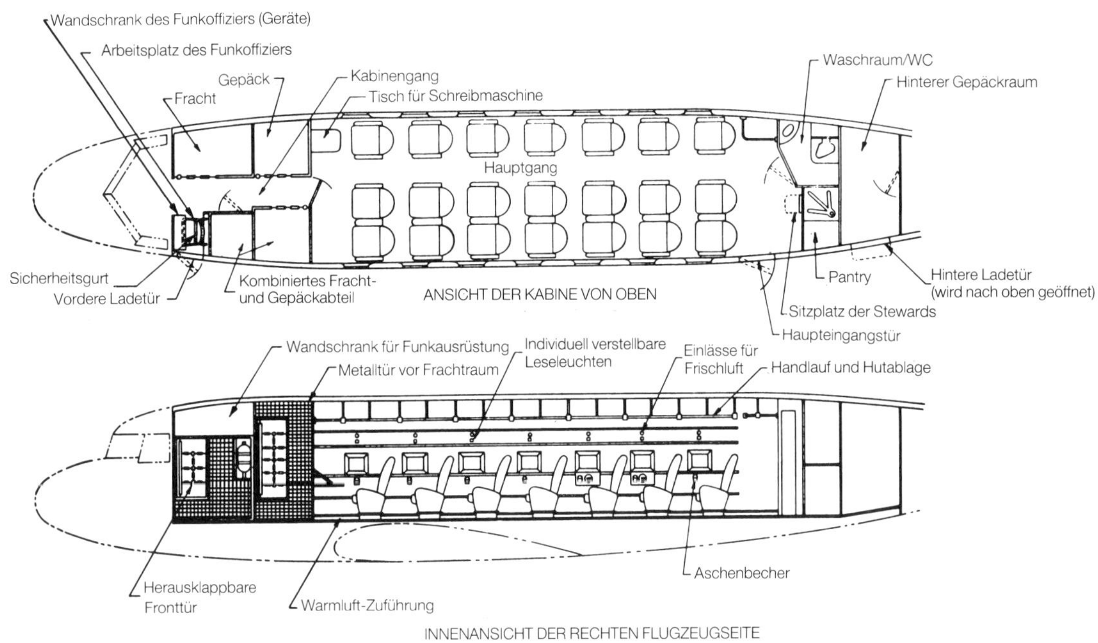

So sah die Kabinenaufteilung der DC-3 ursprünglich aus: Vorgesehen war die Kabine für 21 Fluggäste, die in Dreierreihen nebeneinandersaßen. Zeichnung: McDonnell Douglas

heute Teil von SAS, Skandinavian Airlines System – wurde die zweite europäische Fluggesellschaft, bei der die DC-3 zum Einsatz kam. Zwischen Juli 1937 und November 1939 erhielt sie vier Maschinen dieses Musters und erwarb im Mai 1940 eine fünfte von Swissair (ex HB-TRU), die erst 1939 über Fokker an die Schweizer Luftverkehrsgesellschaft geliefert worden war.

Als SE-BAG »Gripen« kam diese DC-3 zur ABA und wurde am 22. Oktober 1943 in der Nähe von Stockholm abgeschossen. Die Maschine mit der Produktionsnummer 2132 teilte dieses Schicksal mit der am 20. Juli 1939 von Fokker direkt an die ABA gelieferten SE-BAF »Gladen« (Prod.-Nr. 2133), die am 28. August 1943 auf dem Flug von Großbritannien nach Schweden unterwegs war. Diese Abschüsse neutraler Flugzeuge erfolgten unter Verletzung des Völkerrechts und trotz der Tatsache, daß die Flugzeuge höchst auffällig gekennzeichnet waren. Ihre Rümpfe und Flügel waren in einem gelbbraunen Farbton gestrichen, über den Kabinenfenstern war in großen Buchstaben das Wort »SWEDEN« an jeder Seite angebracht.

Weitere Käufer von DC-3-Flugzeugen, die bei Fokker montiert wurden, waren die polnische Fluggesellschaft LOT, die tschechoslowakische CLS, die rumänische LAREŚ und die ungarische MALERT sowie die belgische Sabena. Eine DC-2 wurde von der Air France erworben, während eine von der französischen Fluggesellschaft bestellte DC-3 nicht

Blick in die DC-3-Kabine mit der Originalbestuhlung für 21 Fluggäste.
Foto: United Airlines

mehr nach Frankreich kam. Die Maschine mit der Produktionsnummer 2122 verließ Santa Monica am 23. Mai 1939, kam am 7. Juni in Buenos Aires an und wurde dort von der militärischen Fluggesellschaft übernommen und im Liniendienst Buenos Aires–Mendoza–Santiago verwendet.

Die Deutsche Lufthansa, die zu Versuchszwecken zeitweilig auch die Boeing 247 benutzte, erwarb im März 1936 von Fokker eine Douglas DC-2, die mit der Registrierung D-ABEQ und dem Taufnamen »Taunus« zum Einsatz kam. Ein jahr später wurde das Flugzeug an die polnische LOT verkauft. Es war die unter der Produktionsnummer 1318 hergestellte DC-2, die als dritte bei Anthony Fokker montiert wurde. LOT übernahm die DC-2, deren polnisches Kennzeichen nicht mehr zu ermitteln ist, im Februar 1937; am 25. November 1937 stürzte sie in den Rhodope-Bergen in Bulgarien ab.

Weitere Maschinen der Typen DC-2 und DC-3 kamen in den Dienst der Lufthansa, nachdem die deutschen Truppen nach Österreich und in die CSR einmarschiert waren und schließlich nach Beginn des Krieges im Westen.

Unter den von Fokker für den europäischen Markt gelieferten Flugzeugen der Typen DC-2 und DC-3 gibt es zahlreiche interessante Einzelschicksale. So wurde beispielsweise die Produktionsnummer 1354, eine DC-2, am 3. April 1935 mit der Zulassung PH-AKH »Haan« an die KLM geliefert, die dieses 14. bei Fokker montierte Flugzeug nach Niederländisch-

Indien überführte und dort bis 1937 einsetzte. Zurück in Europa und hier einige Zeit im Liniendienst von KLM, wurde diese DC-2 als SE-AKE im Januar 1940 an die ABA geliefert, vom Grafen von Rosen geflogen und schon wenig später dem Finnischen Roten Kreuz zur Verfügung gestellt. Von dort gelangte sie zur finnischen Luftwaffe und erhielt dort sowjetische Triebwerke des Musters M-62. Diese DC-2 führte ihren letzten Flug am 29. Mai 1955 durch und ist dann als Café mit dem Namen »Kahvio« in dem finnischen Örtchen Hameenlinna aufgestellt worden.

Eine Liste der DC-2 und DC-3-Maschinen, die im Dienst der Lufthansa vor und während sowie nach dem Zweiten Weltkrieg geflogen wurden, befindet sich im Anhang dieses Buches.

Maschinen vom Typ DC-3, die bei Fokker zusammengebaut worden waren, nahmen nicht nur ihren Weg nach Rumänien, Polen und in die CSR, auch die Sowjetunion erhielt schon vor dem Zweiten Weltkrieg eine Anzahl von DC-3 via Amsterdam. So wurden im September 1937 zwei Maschinen an die Mongolian Air Transport Co. geliefert, weitere gingen zwischen Mai und August 1938 an die Firmen Excello und North Eastern. Während die beiden Excello-Maschinen ohne Motoren geliefert wurden und – wie schon die obengenannte DC-2 der Finnen – mit M-62-Sternmotoren ausgerüstet worden sein dürften, wurden die Flugzeuge für North Eastern komplett geliefert, und dazu brachte man auch von Santa Monica aus größere Mengen an Spannvorrichtungen und Werkzeugen über die sowjetische Außenhandels-Organisation Amtorg auf den Weg.

Man hat nie feststellen können, ob die Firmen Excello und North Eastern tatsächlich eigenständig oder nur Scheingesellschaften der Sowjets gewesen sind. Die Lieferungen wurden zunächst im März 1939 abgeschlossen. Dabei waren die Spannvorrichtungen und die Werkzeuge für das Flugzeugwerk Nr. 84 in Chimka bei Moskau bestimmt, wo die Serienproduktion der DC-3 schon sehr bald anlief. Das in sowjetischer Lizenz hergestellte Flugzeug erhielt zunächst die Bezeichnung PS-84 – eben nach dem Flugzeugwerk Nr. 84. Der Leitende Ingenieur dieses Werkes, Boris Lisumow, hatte sich bei Douglas in Santa Monica zwei Jahre hindurch eingehend mit den amerikanischen Produktionsmethoden beschäftigt. Nach seiner Rückkehr begann in Chimka die Lizenzproduktion des Flugzeugs, das später als Lisumow Li-2 bezeichnet wurde.

Diese Lizenz-Produktion scheint eine recht einseitige, für Douglas keineswegs gewinnbringende Angelegenheit gewesen zu sein. Es heißt, daß der amerikanische Industrielle auf einem Essen mit sowjetischen Flugzeugingenieuren nach dem Zweiten Weltkrieg gesagt haben soll, er hoffe, daß ihm nun endlich die ausstehenden Lizenzen über die Sowjetische Staatsbank ausgezahlt würden.

Die Li-2 beziehungsweise PS-84 war zu dieser Zeit längst das Standard-Transportflugzeug der Roten Luftwaffe und ihrer östlichen Verbündeten und flog – mit Ausnahme der DDR-Lufthansa/Interflug – bei allen Luftverkehrsgesellschaften des Ostblocks.

Natürlich wurde die Maschine auch für alle möglichen Aufgaben bei der Aeroflot der UdSSR eingesetzt und trug in einem außerordentlichen Maße dazu bei, daß das riesige Land auf dem Luftwege erschlossen werden konnte. Schon 1939/40 flogen übrigens die über Fokker importierten DC-3 – teilweise mit M-62-Sternmotoren sowjetischer Produktion – im Streckennetz von Aeroflot. Dazu gehörte auch die Strecke Moskau–Stockholm, auf der DC-3 zusammen mit sowjetischen Mustern zum Einsatz kamen. Und gelegentlich kamen sowjetische DC-3 vor dem Überfall der deutschen Truppen auf die UdSSR im Juni 1941 auch nach Berlin.

Nach Schätzungen westlicher Fachleute sind in der UdSSR 2000 und mehr Maschinen dieses Musters gebaut worden, wobei schon im Sommer 1941 eine Produktionsrate von 30 bis 40 Maschinen monatlich

Produktion der DC-3 im Werk Santa Monica von Douglas.
Foto: McDonnell Douglas

erreicht worden sein soll.

Ein weiterer Exportmarkt ungewöhnlicher Art war das kaiserliche Japan, das selbst eine starke Luftfahrt-Industrie hatte. Zwischen Anfang 1938 und Ende 1939 wurden mindestens 20 DC-3 an verschiedene Unternehmen in Japan geliefert, und die Flugzeugfabrik des Nakajima-Konzers hatte eine Lizenz für die Herstellung des Typs erworben. Zwar übergab Nakajima am 30. September 1938 die erste in Japan montierte Maschine an die Dai-Nippon Airways auf dem Flugplatz Tokio-Haneida, über eine Großproduktion der DC-3 in Japan ist indessen nichts bekanntgeworden.

Die Besetzung Österreichs – man sprach damals von der »Heimkehr ins Reich« – und der Tschechoslowakei führte dazu, daß den deutschen Truppen auch zahlreiche Flugzeuge als Beute zufielen. Darunter waren auch Maschinen der Typen DC-2 und DC-3.

Bei Österreichs Fluggesellschaft wurden – hier

Typisch für die DC-3 in den Vorkriegsjahren war die Tatsache, daß man zwischen einer Rumpftür auf der rechten oder linken Seite wählen konnte. Und es ging recht gemütlich zu, wenn die Passagiere ein- oder ausstiegen. Hier steht die HB-IRI der Swissair. Sie war eine der beiden ersten Maschinen dieses Musters, die an die Schweizer Fluggesellschaft geliefert wurden. Sie flog von 1937 bis 1955 bei Swissair, wurde zusammen mit der HB-IRA am 24. Januar 1955 an die Ozark Airlines Inc. in St. Louis/USA verkauft. Dort flog sie noch 1966. Ozark hatte 1958 eine Flotte, die nur aus 20 DC-3/C-47 bestand. Foto: Swissair

spielte das benachbarte Deutschland eine einflußreiche Rolle – überwiegend Junkers Ju52/3m im Luftverkehr eingesetzt. Immerhin hatte der Staat bei Fokker eine DC-2 geordert, die als Regierungsmaschine für den damaligen Bundeskanzler Engelbert Dollfuß bestimmt war. Dieses Flugzeug mit der Registrierung A–500 wurde – als zweite Maschine, die bei Fokker montiert worden war – am 26. September 1934 nach Österreich geliefert. Zu diesem Zeitpunkt war Dollfuß längst zum Opfer eines Mordanschlages nationalsozialistischer Kräfte geworden. Im April 1936 wurde diese Maschine dann von der Swissair erworben und als HB-ISA in die Flotte eingestellt.

In der Tschechoslowakei flogen bei der staatlichen Luftverkehrsgesellschaft Ceskoslovenska Latecka Spolecnos (C.L.S.) neben anderen kleinen Flugzeugen auch drei DC-2 und vier DC-3. Sie wurden teils von der neugegründeten Tschechoslowakischen Luftverkehrsgesellschaft (T.L.V.G.) eingesetzt und danach an die Lufthansa übergeben, teils direkt von Lufthansa übernommen.

Mit dem Ausbruch des Zweiten Weltkrieges, am 1. September 1939, wurde der internationale Luftverkehr in Europa weitgehend eingeschränkt. Schon am 23. August hatte KLM alle europäischen Linienflüge mit Ausnahme jener nach Skandinavien, Belgien und Großbritannien eingestellt. Die Flüge nach Skandinavien wurden noch bis zum 9. April, die nach Belgien bis zum 18. April 1940 durchgeführt. Die Einstellung des gesamten Flugbetriebs erfolgte am 10. Mai 1940 als deutsche Truppen die Benelux-Staaten besetzten und nach Frankreich vorstießen. Vier DC-3 der KLM wurden bei Bombenangriffen auf den Flughafen Schiphol am 10. Mai 1940 zerstört, sechs andere konnten in flugfähigem Zustand sechs Tage später von deutschen Truppen erbeutet werden und kamen mit fünf ehemaligen DC-2 der KLM zur Luftwaffe beziehungsweise zur Lufthansa. Insge-

Eine der ersten Maschinen des Typs DC-3, die von Fokker geliefert wurden, im Dienst der sowjetischen Aeroflot. Vor dem gegen die Kälte geschützten Backbord-Triebwerk stehen Besatzung und Fluggäste eines Sonderfluges, der nach Berlin führte.
Foto: Archiv Wölfer

samt sind also acht DC-2 und acht DC-3 als Folge des Krieges zur deutschen Luftwaffe und/oder zur Lufthansa gekommen, und einige von ihnen wurden bis Kriegsende dort eingesetzt. Die übrigen Maschinen der KLM und der belgischen Sabena entkamen nach Großbritannien und wurden dort später von verschiedenen Formationen der Royal Air Force verwendet.

Eines der interessantesten Einzelschicksale ist sicherlich das der DC-3, die am 23. April als zehnte von insgesamt 24 Maschinen dieses Musters über Fokker an KLM ausgeliefert wurde (Werknummer 1943). Sie wurde als PH-ALV mit dem Taufnamen »Valk« zugelassen und am 16. Mai 1940 unbeschädigt von der Luftwaffe in Schiphol erbeutet. Zunächst kam sie zur Luftwaffe und erhielt die Kennung NA+LC.

Danach wurde die Maschine der Lufthansa überlassen und als D-ARPF mit dem Taufnamen »Flugkapitän Sluzalek« im verbliebenen Streckennetz eingesetzt. Bei Kriegsende fand man die Maschine in Spanien. Sie wurde an die KLM zurückgegeben, die ihr ehemaliges Flugzeug nun als PH-TBF ein zweitesmal in Dienst stellte. Am 1. August 1946 wurde diese DC-3 an die britische Fluggesellschaft Skyways verkauft, die sie als G-AICV registriert mit dem Taufnamen »Skyliner« einsetzte. Dort flog sie bis zum Frühjahr 1950, dann wurde diese DC-3 verschrottet.

Schwierig war die Situation für die wenigen, vom Krieg nicht unmittelbar betroffenen Länder. Hatte schon die KLM bei Ausbruch des Krieges, als Holland praktisch noch neutral war, ihre Flugzeuge mit einem sehr auffälligen, orangebraunen Anstrich und dem übergroßen Landesnamen HOLLAND versehen, so waren die Flugzeuge der schwedischen ABA – wie schon erwähnt – ebenfalls so auffällig gekennzeichnet worden. Sie trugen den Landesnamen in deutscher und englischer Schreibweise an beiden Seiten des Rumpfes und zusätzlich in englischer Sprache unter dem Rumpf.

Der regelmäßige Luftverkehr der Schweiz wurde als Folge der am politischen Himmel Europas heraufziehenden dunklen Wolken bereits am 27. August 1939 eingestellt. Zwei DC-3 der Swissair blieben betriebsbereit, die übrigen wurden aus dem Dienst gezogen, eine an die schwedische ABA verkauft.

In den folgenden Kriegsjahren wurde der Swissair-Flugbetrieb auf einigen Strecken wieder aufgenommen. Dazu gehörten die Strecke Zürich–München und Zürich–Stuttgart–Berlin. Dabei kamen auch die noch vorhandenen DC-2 und DC-3 zum Einsatz. Während eines amerikanischen Luftangriffs auf Stuttgart wurde die DC-2 mit der Zulassung HB-ISI zerstört. Acht Tage später stellte Swissair seine Deutschland-Kurse ein.

Die neutralen Länder waren übrigens der Weg, über den die Lufthansa ihre Ersatzteile für die eingesetzten DC-2 und DC-3 bezog.

D-A
U-A
-ALUE
D-AFYS

Europäische Konkurrenten

Anders als heute war das Fliegen in den Jahren vor dem Zweiten Weltkrieg und auch noch lange danach eine Form des Verkehrs, die vom Hauch des Exklusiven umweht war. Der Durchschnittsbürger reiste mit der Bahn oder mit dem Omnibus der Kraftpost. Das mußte besonders für Europa Gültigkeit haben, wo die Entfernungen, die die Reisenden zurücklegen mußten, erheblich geringer waren als in den Vereinigten Staaten von Nordamerika.

Angesichts dieser Sachlage waren selbst die »großen Flugzeuge« aus heutiger Sicht eher klein, die Zahl der Sitzplätze zweimotoriger Maschinen lag zwischen zehn und 20, nur wenige »Großflugzeuge« wie die Junkers G38, die Ju90, die Focke-Wulf Fw200 »Condor« und – um nur eines von mehreren Beispielen ausländischer Muster zu nennen – die viermotorige Savoia Marchetti S.47 aus Italien konnten mehr als 20 und maximal 40 Fluggäste aufnehmen.

Hochbetrieb auf dem Zentralflughafen Berlin-Tempelhof um 1938. Vorn (und hinten links) Maschinen des Typs Heinkel He 111, dazu fünf Junkers Ju 52/3m. Rechts im oberen Bildteil eine Fokker F.VII der dänischen Gesellschaft DDL und über der Ju 52/3m D-ALUE eine Wibault 282 T.12 der Air France.
Foto: Archiv Wölfer

Stärkster Konkurrent für die Douglas DC-2 und DC-3 war die Junkers Ju52/3m aus Dessau. Sie flog seit 1932 praktisch in allen Teilen der Welt und zeichnete sich durch große Wirtschaftlichkeit und höchste Zuverlässigkeit aus. Die Ju 52 war ursprünglich eine einmotorige Frachtmaschine, die Dipl.-Ing. Ernst Zindel, der Chefkonstrukteur der Junkers-Werke, entwickelt hatte. Mit einer Spannweite von 29 Metern und einer Rumpflänge von 18,5 Metern war die Ju 52 für eine einmotorige Maschine ungewöhnlich groß. Sie hatte eine Nutzlast von 1845 kg und ein maximales Abfluggewicht von rund sieben Tonnen. Mit unterschiedlichen Motoren versehen – ihre Leistung lag zwischen 600 und 825 PS – erhielten die fünf Maschinen dieses Typs, die in Dessau gebaut wurden, unterschiedliche Zusatzkennungen, dabei stieg auch die beförderbare Nutzlast. Vier Ju 52 blieben in Deutschland – eine wurde für den Reichsverband der Deutschen Luftfahrt-Industrie sogar als 15sitzige Passagiermaschine ausgestattet – eine 1931 als Frachtmaschine an Canadian Airways – später: Canadia Pacific Airlines – geliefert. Sie wurde dort noch in den späten 40er Jahren mit Schwimmer, Rädern oder Ski verwendet.

Die Beladung der Ju 52 konnte durch eine horizontal geteilte Frachtpforte an der Backbordseite neben dem Flügel erfolgen. Dabei diente der heruntergeklappte Teil der Doppeltür als eine Art Laderampe. Als weitere Belademöglichkeit bot sich eine Luke im Rumpfoberteil an.

Es lag auf der Hand, dieses große Flugzeug mit zwei zusätzlichen Triebwerken auf den Flügel-Vorderkanten auszustatten, und Dipl.-Ing. Zindel beschäftigte sich mit dieser Erweiterung, die das Flugzeug nicht nur leistungsfähiger und sicherer, sondern auch im Aussehen eleganter machte, kaum daß die einmotorige Ju 52 ihre Flugerprobung aufgenommen hatte. Überdies besaß man bei Junkers langjährige Erfahrungen in der Konstruktion dreimotoriger Flugzeuge. Erinnert sei hier an die G24 und besonders an die

Die viermotorige Junkers G38, von der zwei Exemplare gebaut wurden, war mit 44 m Spannweite und einer Rumpflänge von 23,2 m zeitweilig das größte Landflugzeug der Welt. Die Maschinen konnten 34 Passagiere auf zwei Decks befördern. Ihre Reisegeschwindigkeit von 180 km/h war recht gering. Von 1931 bis 1940 standen die G38 im Dienst der LH. Foto: Lufthansa

G31, die sehr stark der Ju-52/3m ähnelte, sah man einmal von dem doppelten Seitenleitwerk der G31 ab.

Ihren Erstflug machte die Junkers Ju52/3m im April 1932, und schon im Mai beziehungsweise im September des selben Jahres erhielt die Lufthansa ihre ersten beiden Flugzeuge mit den Zulassungen D-2201 (später: D-ADOM) »Boelcke« und D-2202 (später: D-ADYL) »Richthofen«. Beide Namensgeber waren Pour-le-Mérite-Flieger des Ersten Weltkrieges und hatten ihre Auszeichnungen als Jagdflieger erhalten.

Es war auch in der Folge üblich, bei der Lufthansa Maschinen dieses Typs auf die Namen gefallener Kriegsflieger zu taufen. Dabei hat es – Folge von Neuersatz für ältere Maschinen – durchaus Mehrfach-Benennungen gegeben. Immerhin hat allein die Lufthansa zwischen 1932 und 1945 rund 230 Ju52/3m eingesetzt. So erstaunt es nicht, daß die Luft-

Blick in die Kabine der Junkers G38. Deutlich sichtbar sind die Treppenstufen zum zweiten Passagierdeck. Foto: Archiv Wölfer

Die Focke-Wulf Fw200 »Condor« war als Langstreckenflugzeug konzipiert worden und machte durch spektakuläre Rekordflüge von Berlin nach Saloniki und Kairo sowie von Berlin nach New York und Berlin nach Tokio Schlagzeilen in der Weltpresse. Die viermotorige Maschine konnte 26 Passagiere befördern und hatte eine Reisegeschwindigkeit von 325 km/h. Die Lufthansa hatte zehn Maschinen dieses Musters auf ihren längeren europäischen Strecken im Einsatz als der Krieg ausbrach.
Foto: Archiv Wölfer

hansa vor einigen Jahren zugriff, als eines der letzten noch flugfähigen Exemplare dieses Typs zu kaufen war. In langer, aufwendiger Arbeit wurde dieses Flugzeug zur Traditionsmaschine aufgebaut und wird heute weltweit als Werbeträger eingesetzt.

Maschinen des Typs Ju52/3m flogen in Argentinien und Neuguinea, in Österreich, Belgien, der Tschechoslowakei, in Dänemark und Finnland, in Italien und Griechenland, in Rumänien und Ungarn, in Norwegen und Schweden, aber auch in Großbritannien – nach dem Zweiten Weltkrieg als erbeutete Flugzeuge sogar bei British European Airways. Und sie wurden in Bolivien und Brasilien, in Ekuador und Peru, in Estland und Spanien, in Südafrika und Uruguay für Jahrzehnte zu Trägern eines sicheren Luftverkehrs.

Wie die DC-3, so verdankt auch die Ju52/3m dem Zweiten Weltkrieg die hohe Zahl von fast 5000 gebauten Exemplaren. Wie die DC-3 zum Standard-Transporter der Alliierten wurde, so nahm die Ju52/3m diesen Platz bei der deutschen Luftwaffe ein. Und weil dieses Flugzeug so robust in seiner relativ einfachen Dural-Bauweise war und so vielfältig nutzbar für zivile und militärische Zwecke, wurde es nach 1945 in Spanien bei der CASA in 170 Exemplaren und bei dem französischen Konzern Ateliers Aéronautiques de Colombes in mehr als 400 Exemplaren für die Air France und die französischen Streitkräfte unter der Bezeichnung AAC.1 gebaut. Flugzeuge dieses Typs setzten französische Fallschirmjäger über Dien Bien Phu während des Vietnam-Krieges 1953 ab.

Ein anderes Flugzeug der Junkers-Werke, das in die Gruppe der europäischen Konkurrenten hätte gehören können, war die Ju86, ein zweimotoriges Passagierflugzeug für zehn Passagiere und zwei Piloten. Die Besonderheit dieses Typs waren die verwendeten Triebwerke: Jumo 205C-Dieselmotoren mit einer

Leistung von je 600 PS. Sie machten einen Höllenlärm und hielten nicht, was von ihnen erwartet worden war. Die Lufthansa übernahm 15 Maschinen, die bis zum Ausbruch des Zweiten Weltkrieges auf 18 Strecken zum Einsatz kamen, zum größten Teil allerdings schon frühzeitig umgerüstet auf konventionelle BMW-Sternmotoren.

Zwei Maschinen wurden von der Swissair erworben und in den Nachtluftpost-Dienst zwischen Zürich und Frankfurt/Main eingestellt. Am 12. August 1936 machte die HB-IXI eine Bruchlandung, ging an die Junkers-Werke zurück und wurde dort neu aufgebaut. 1939 wurden die Jumo-Diesel durch BMW-Sternmotoren ersetzt. Eine weitere Ju 86 ging an die schwedische ABA und wurde ebenfalls nicht als Passagiermaschine, sondern für den Nachtluftpost-Dienst von Stockholm über Malmö nach Hannover eingesetzt. Auch sie verfügte über Sternmotoren.

18 Ju 86 gaben South African Airways (SAA) in Auftrag. Sie waren zunächst mit flüssigkeitsgekühlten Rolls-Royce-Triebwerken ausgerüstet, erhielten aber schon nach kurzem Einsatz Sternmotoren. 1939 wurden diese Maschinen den Luftstreitkräften Südafrikas übergeben. Auch die Lufthansa hat sich 1940 von ihren Ju 86 getrennt. Weitere zivile Maschinen dieses Musters sind in Australien, Bolivien, Chile und in der Mandschurei geflogen.

Insgesamt wurden rund 1000 Junkers Ju 86 gebaut – doch weniger als 50 erlebten zivilen Einsatz. Alle übrigen waren Bomber mit der Bezeichnung Ju 86k. Auch ein anderes zweimotoriges Flugzeug der Kategorie für zehn Fluggäste wurde ursprünglich als Zivilflugzeug konstruiert, um dann als Bomber im Zweiten Weltkrieg in mehr als 6500 Exemplaren gebaut zu werden: die Heinkel He 111.

Nach den guten Erfahrungen mit der Heinkel He 70 »Blitz« als Express-Flugzeug für vier Passagiere und als Zubringer-Flugzeug im Südamerika-Postver-

Die zweimotorige Junkers Ju 86 – zwei Exemplare davon flogen bei Swissair, eins bei der schwedischen AB Aero Transport – fiel besonders durch die erstmalige Verwendung von leistungsstarken Dieselmotoren auf. Diese Jumo 205 C-Dieselmotoren erwiesen sich im täglichen Betrieb als nicht unproblematisch. Hier eine Maschine der Lufthansa beim Start. Auch die südafrikanische Luftverkehrsgesellschaft SAA verwendete 18 Maschinen dieses Typs mit Rolls Royce-Triebwerken.
Foto: Lufthansa

Die Junkers Ju90 galt als Großflugzeug ihrer Tage, obwohl sie gegenüber der DC-3 nur um eine rund sechs Meter größere Spannweite und eine sieben Meter größere Rumpflänge besaß. Sie konnte 40 Passagiere befördern und wurde – wie die Fw200 »Condor« – auf den längeren europäischen Lufthansa-Strecken eingesetzt. Ju90 beflogen die Routen Berlin–Rom, Berlin–Wien und Berlin–Belgrad und waren gelegentlich auch in Croydon bei London zu sehen. Foto: Lufthansa

kehr suchte die Lufthansa nach einer Maschine ähnlicher Konzeption mit größerer Nutzlast und – nicht zuletzt bedingt durch zwei Motoren – größerer Flug-Sicherheit. Während sich dieses Flugzeug, das die Bezeichnung He111 bei Heinkel erhielt, noch im Entwurfsstadium befand, interessierte sich das Reichsluftfahrt-Ministerium für den Entwurf. Am 24. Februar 1935 machte die Maschine ihren Erstflug – und hatte bereits eine verglaste Cockpitspitze in der Art, wie sie später die ersten Bomber dieses Musters erhielten.

Tatsächlich hat die Lufthansa nur zwölf Maschinen dieses Musters erhalten, die vorwiegend als »Express-Flugzeuge« für Passagiere und Post verwendet wurden. Die für damalige Verhältnisse hohe Geschwindigkeit der He111 von 315 km/h prädestinierte das Flugzeug dafür.

Insgesamt gesehen aber war die Ju52/3m eigentlich der einzige Konkurrent der DC-2 und der DC-3 in Deutschland und einigen europäischen und außereuropäischen Ländern, die bereits genannt worden sind.

Geht man die Flugzeugtypen der 30er Jahre durch, die einen annähernden Vergleich mit der DC-2 und der DC-3 zulassen, dann fallen einige französische und italienische Typen auf, die eine gewisse Ähnlichkeit mit den amerikanischen »Schwestern« haben und deren Entwürfe zweifellos zumindest von der DC-2 beeinflußt worden sind.

Hier sind die französischen Muster Bloch 220 und 221 zu nennen, zweimotorige Ganzmetall-Tiefdekker für 16 Passagiere, die mit 280 km/h an ihr Ziel gebracht wurden. Diese Flugzeuge – Air France besaß 16, von denen mindestens zwei während des Krieges bei der Lufthansa flogen – wurden auf den längeren innerfranzösischen und auf den europäischen Routen des Air France-Streckennetzes verwendet. Fünf dieser Maschinen waren noch 1949 bei

Bereits 1936 setzten die damaligen British Airways zahlreiche Maschinen dieses Doppeldecker-Typs De Havilland DH84 »Dragon Rapide« auf kurzen Strecken ein. Befördert werden konnten vier bis fünf Passagiere, im Cockpit saß ein Pilot. Während des Zweiten Weltkrieges wurde dieser Typ als »Dominie« zum Schulflugzeug der RAF. Nach dem Krieg gehörte dieses zuverlässige Flugzeug wieder zu den Maschinen der »ersten Stunde« bei British European Airways.
Foto: British Airways

der Air France im Dienst. Wie die DC-2/DC-3 besaßen diese zweimotorigen Maschinen Sternmotoren und Einziehfahrwerke.

Die französische Luftfahrt-Industrie brachte in den späten 20er und in den 30er Jahren eine große Zahl von kleineren Verkehrs-Flugzeugen hervor, die technologisch mit DC-2/DC-3 und Ju52/3m kaum Schritt zu halten vermochten. Zu nennen sind hier aber noch die dreimotorigen Dewoitine D.333 (zehn Passagiere) und D.338 (Einziehfahrwerk und Platz für 22 Fluggäste auf den Europastrecken) sowie die Potez 62, ein Hochdecker in Gemischt-Bauweise für 14 bis 16 Passagiere.

Enge Anklänge an die DC-2 wies die italienische Fiat G.18 auf, wenngleich das Flugzeug nicht rein aus Metall gebaut war und optisch weniger elegant wirkte. Das Flugzeug, das in der Serie zwei Fiat-Sternmotoren von jeweils 700 PS Leistung hatte, konnte neben der dreiköpfigen Besatzung (zwei Piloten, ein Funker) 18 Passagiere mit maximal 340 km/h befördern. Dreimotorig und in Gemischt-Bauweise hergestellt war die italienische Savoia Marchetti S.73, ein Flugzeug, das in seiner Auslegung an die Ju52/3m erinnterte. 18 Passagiere reisten in diesem Flugzeug, von dem die belgische Sabena fünf Maschinen für ihr europäisches Streckennetz erwarb. Größer war die ähnlich ausgelegte S.M.75, die ebenfalls dreimotorig war, aber bereits ein einziehbares Fahrwerk und auf Grund der veränderten Abmessungen Platz für 24 bis 30 Passagiere hatte. Wenn es auch ein Fokker-Hochdecker war, dessen Absturz zum Auslöser für die Douglas-Entwicklung wurde, so sollten an dieser Stelle doch noch einmal die verschiedenen Maschinen von Fokker erwähnt werden, stellten sie doch bis zum Erscheinen der DC-2 und DC-3 in nicht wenigen Ländern den Großteil der größeren Verkehrsflugzeuge. Ähnlich den Fokker-Maschinen waren auch Flugzeuge, in der

Die dreimotorige Westland »Wessex« für vier Passagiere und zwei Piloten wurde 1930 in kleiner Zahl gebaut und kam bei einigen britischen Fluggesellschaften und im Ausland zum Einsatz. Hier eine Maschine der belgischen SABENA. Foto: SABENA

UdSSR (Antonow ANT–9) und in Großbritannien (Westland »Wessex«).

Auf dem Pariser Salon 1936 stellte die UdSSR den Prototyp der Antonow ANT–35 aus, die auch unter der Bezeichnung PS-35 geführt wurde. Diese zweimotorige Maschine hatte Sternmotoren, ein einziehbares Fahrwerk und Platz für zehn Passagiere. Die Serienfertigung dürfte 1937 begonnen haben; denn am 1. Juli 1937 eröffnete Aeroflot mit diesem Muster und mit Douglas DC-3 die Strecke Moskau–Riga–Stockholm

Schließlich sollte noch ein kurzer Blick auf die Luftfahrt-Industrie Großbritanniens in jenen Jahren geworfen werden. Sie zeigt – bedingt durch die riesige Ausdehnung des Empires eine Notwendigkeit – daß sich die Engländer mehr auf größere Langstrecken-Flugboote und -Flugzeuge konzentrieren als auf moderne Flugzeuge für kurze und mittlere Strecken. Überdies konnte man lange keinen Abschied vom Doppeldecker nehmen. Selbst nach dem Zweiten Weltkrieg war einige Zeit hindurch auf kurzen Strecken noch die De Havilland DH89 »Dragon Rapide« zu finden. Das muß insoweit erstaunen, als der englischen Firma Short Brothers mit den Flugbooten der »Empire«-Klasse, aus der im Krieg die gefürchteten »Sunderland«-Flugboote entstanden, ein beachtlicher Wurf gelang.

Was die britische Luftfahrt-Industrie in jenen Jahren an Land-Flugzeugen vorstellte, die einen Vergleich mit der Douglas DC-2 und DC-3 zugelassen hätten, erwies sich als unbefriedigend. So waren die zuverlässigsten Muster bei British Airways in den 30er Jahren neben den schon erwähnten Doppeldeckern von De Havilland amerikanische (Lockheed 10 »Electra« und Lockheed 14 »Super Electra«), holländische (Fokker F.VIII und F.XII) sowie deutsche Flugzeuge (Ju52/3m). Erst die Nachkriegs-Zeit brachte bedeutende britische Konstruktionen wie die

Savoia Marchetti in Italien produzierte neben verschiedenen Flugbooten eine Reihe von dreimotorigen Maschinen. Die S. M. 83 – hier ein Flugzeug der belgischen SABENA – wurde aus dem Transporter/Bomber S. M. 79 entwickelt. Knapp 25 zivile Maschinen dieses Musters wurden gebaut, von ihnen sollen 18 bei italienischen Luftverkehrsgesellschaften geflogen worden sein. Jeweils drei dieser Flugzeuge, die im europäischen Linienverkehr zehn Fluggäste befördern konnten, wurden von SABENA und der rumänischen Fluggesellschaft LARES erworben.
Foto: SABENA

Vickers »Viking« und »Viscount« sowie das Strahl-Verkehrsflugzeug De Havilland DH 106 »Comet« hervor.
Schon während des Krieges kam auch die DC-3 in einzelnen Exemplaren zum Einsatz bei British Overseas Airlines Corp. (BOAC), daneben flogen auch ein paar DC-2 – es handelte sich um Maschinen aus Holland, denen die Flucht über den Kanal geglückt war – in britischen Diensten. Nach dem Krieg war die DC-3 eine der Stützen des britischen Luftverkehrs in den 40er und frühen 50er Jahren. Darüber wird noch an anderer Stelle berichtet.

Vorn die Dewoitine D.338 F-AQBL der Air France. Sie konnte auf den europäischen Strecken 21 Passagiere befördern. Auf den afrikanischen Routen flogen die Maschinen 15 Passagiere, auf denen nach Fernost nur zwölf, davon konnten sechs auf Liegen schlafen. Insgesamt wurden an Air France 30 Flugzeuge dieses Musters ab 1937 geliefert. Im langen Bug der dreimotorigen Maschine war – die Frachtpforte zeigt es – Platz für die Luftpost. Dahinter eine zweimotorige Bloch 220. Sie hatte eine gewisse Ähnlichkeit mit der DC-2/DC-3 und konnte 16 Passagiere befördern. Die Besatzung bestand aus vier Mann. 17 Maschinen kamen zur Air France, die letzten flogen noch nach dem Zweiten Weltkrieg bei der staatlichen Fluggesellschaft. Einige Maschinen wurden während des Krieges von der Lufthansa geflogen. Foto: Air France

Frühe militärische Versionen der Douglas DC-2 für Army und Navy. Unten ganz rechts: Der Bomber B-18, der aus der DC-2 entwickelt wurde. Fotos: McDonnell Douglas

C-47, »Charly Forty-Seven«, »Dakota«, »Gooney Bird«

Aus der DC-3 wird der Standard-Transporter der Alliierten

Kaum hatte die erste DC-2 die Flugerprobung aufgenommen, da interessierten sich auch die amerikanischen Heeresflieger für die moderne Maschine (erst nach dem Zweiten Weltkrieg wurden die Flieger des amerikanischen Heeres zur vierten Teilstreitkraft neben Army, Navy und Marines). Als persönliches Transportflugzeug für den Stabschef der Heeresflieger, General Andrews, wurde am 30. September 1935 eine DC-2 mit der Heeresbezeichnung XC-32A ausgeliefert. Dabei stand – wie bei allen Prototypen – das »X« für »Experimental«. Weitere Maschinen dieses Musters trugen die endgültige Bezeichnung C-32A. Dabei handelte es sich um Flugzeuge, die zunächst im amerikanischen Luftverkehr eingesetzt, nach Eintritt der USA in den Zweiten Weltkrieg jedoch eingezogen worden waren. Insgesamt waren das 24 ehemals zivile Flugzeuge.

Die nächste Variante für die amerikanischen Heeresflieger trug die Bezeichnung C-33. Es war eine DC-2 mit 14 Sitzen, die von zwei Wright-»Cyclone«-Motoren von jeweils 720 PS angetrieben wurde und ein Abfluggewicht von 18500 lbs (8000 kg) hatte. Diese militärische DC-2 besaß Seiten- und Höhenleitwerk der DC-3, hatte einen verstärkten Boden für den Frachttransport und eine große Frachtpforte.

Man hatte sich beim US Army Air Corps zu Beginn der 30er Jahre sehr intensiv nach einem möglichst optimalen Transportflugzeug umgesehen und verschiedene Muster geprüft. Keines erwies sich als optimal geeignet – und das galt auch für die DC-2 und für die beiden frühen Militärexemplare der DC-3, die die Bezeichnung C-41 beziehungsweise C-41A trugen. Hinzu kam, daß man bei den Heeresfliegern zu diesem Zeitpunkt keinerlei Notwendigkeit sah, ausgerechnet die Transportflieger mit dem modernsten fliegenden Material auszustatten. Viel wichtiger erschien die Einführung moderner Jagd-Flugzeuge und Bomber.

Erst nach der Kapitulation Frankreichs im Juni 1940 erkannte man in den USA die Notwendigkeit, eine große Transporterflotte mit modernen Maschinen aufzubauen. Neben der DC-3 bot sich hier auch die noch größere Curtiss C-46 an, die eine höhere Nutzlast besaß.

Nach der C-41 und der C-41A – von beiden Mustern wurde nur jeweils ein Exemplar gebaut – gab das USAAC zunächst den Auftrag zum Bau von 545 Maschinen des Typ C-47DL »Skytrain« an Douglas. Dabei handelte es sich um die DC-3A mit einem verstärkten Boden und einer doppelten Tür im Rumpf für die Frachtaufnahme. Als Truppentrans-

porter besaß dieses Modell 27 Plätze. Die Maschinen hatten eine elektrische Anlage von 12 Volt und besaßen ein Dampf-Heizungssystem. Die DC-3A unterschied sich von der DC-3 dadurch, daß sie Pratt & Whitney »Twin-Wasp«-Motoren erhielt. Von dieser Maschine wurde der größte Teil in der neuen Fabrik in Long Beach gebaut, denn bei Douglas in Santa Monica war man rund um die Uhr mit dem Bau der DC-3 in ihren unterschiedlichen Varianten und des Bombers A–20 beschäftigt.

Um die Engpässe zu überbrücken, die sich aus der Notwendigkeit ergaben, erst einmal die Fabrik in Long Beach zu errichten, übernahm das USAAC zunächst 119 zivile Maschinen von Fluggesellschaften, die »eingezogen« wurden. Die Flugzeuge erhielten Bezeichnungen wie C-48, C-49, C-50, C-51, C-52 und C-68.

Im März 1941 wurden 150 C-53 »Skytrooper«-Maschinen in Auftrag gegeben. Sie konnten 28 Soldaten samt Ausrüstung befördern, die Frachttür befand sich auf der linken Rumpfseite.

Als die Japaner im Dezember 1941 Pearl Harbour überfielen und die USA in den Zweiten Weltkrieg gezogen wurden, besaßen die amerikanischen Luftstreitkräfte nur wenige DC-2 und DC-3 in militärischen Versionen, während bei den zivilen Luftverkehrs-Gesellschaften der USA bereits 289 »DST« und DC-3 im Dienst standen. Umgehend wurden 92 dieser Maschinen »dienstverpflichtet«. Eine Anzahl von ihnen wurde als Truppentransporter und als militärische VIP-Flugzeuge verwendet, andere wurden an die Fluggesellschaften zurückgegeben und flogen im Regierungsauftrag Soldaten und militärische Fracht.

So brachten Maschinen von American Airlines US-Soldaten in einige Länder Südamerikas, weil man dort die Invasion deutscher Truppen nicht mehr ausschließen mochte.

Mitte der 30er Jahre erhielt das Transportflieger-Corps des USAAC, das später zur US Air Force (USAF) wurde, die ersten 21 Douglas DC-2. Als Transportflugzeuge für Kriegsgerät mit den erforderlichen Verstärkungen versehen, trugen diese Maschinen die Bezeichnung C-33. Die DC-2 mit den Bezeichnungen C-32 und C-34 wurden für den Transport wichtiger Persönlichkeiten eingesetzt.
Foto: McDonnell Douglas

Die Fließbandfertigung der C-47 erfolgte nicht nur im Stammwerk Santa Monica, sondern auch noch in weiteren, eigens zu diesem Zweck errichteten Werken.
Foto: Archiv Wölfer

Produktion am Fließband. In den Werken in Kalifornien und Oklahoma entstand auf dem Höhepunkt der Fertigung alle 108 Minuten eine C-47.
Foto: McDonnell Douglas

Rechtzeitig hatte sich – und das schon vor Eingang der ersten Aufträge des Militärs – Douglas auf die Verwendung der DC-3 als Militärtransporter eingestellt, hatte den Boden konstruktiv verstärkt und die Frachtpforten im Rumpf auf eine Größe gebracht, die es erlaubte, die Maschine direkt von den Pritschen der Militär-Lastwagen zu beladen. Entsprechend war das Abfluggewicht gestiegen, doch durch die Verwendung leistungsstärkerer Motoren wurde das ausgeglichen.

Hatte sich die DC-3 in der Passagier-Ausführung und als »DST« allen Unkenrufen bei der Vorstellung zum Trotz als großer Wurf erwiesen, so begann nun der Siegeszug der DC-3 als Standard-Transporter der Alliierten. Nach dem Werk in Long Beach entstand in Rekord-Bauzeit ein weiteres in Oklahoma City. Hier wurden während des Krieges nicht nur die verschiedenen Versionen der DC-3 für Army und Navy gebaut, sondern ab 1943 auch die größere C-54, die später als Douglas DC-4 lange Zeit Träger des frühen Langstrecken-Flugverkehrs war. Auch Bomber entstanden hier in großer Zahl.

Man war sich in den USA nach dem Überfall der Japaner auf Pearl Harbour und dem Kriegseintritt sehr schnell darüber klar, daß es erforderlich war, neben dem Seeweg auch eine Luftverbindung nach Großbritannien, dem bedeutendsten Bundesgenossen, zu besitzen, ließen doch die großen Erfolge deutscher U-Boote deutlich erkennen, wie gefährlich der Seeweg über den Nordatlantik war.

Um einen Weg zu erkunden, mit den erforderlichen Zwischenlandungen Großbritannien zu erreichen, startete im Januar 1942 eine C-39 – also eine eingezogene DC-2 – der Northeast Airlines von Presque Island im US-Bundesstaat Maine in Richtung Norden nach Gander/Neufundland. Im Laufe der nächsten vier Wochen waren die Zwischenlande-Punkte so weit eingerichtet, daß hier Flugzeuge auf dem Weg

»Rosie the Riveter« (Nieterin Rosie) wurden die unzähligen jungen Frauen von ihren wenigen männlichen Kollegen genannt, die 1942 bis 1945 dafür sorgen, daß alle Stunde und 48 Minuten ein C-47-Transporter die Werke verließ. Hier sind 71 von ihnen auf und vor dem Steuerbordflügel versammelt, um die Auslieferung der 2000. Maschine zu feiern.
Foto: McDonnell Douglas

Eingeborene auf dem pazifischen Kriegsschauplatz bestaunen den seltsamen »Vogel« der weißen Männer. Für unzählige Menschen in vielen Teilen der Welt war die C-47 das erste Flugzeug, das sie zu Gesicht bekamen.
Foto: McDonnell Douglas

Für viele alliierte Soldaten, die Verwundungen erlitten hatten, war der Flug mit der C-47 die erste – und nicht selten wichtigste – Etappe auf dem Weg in die rettenden Lazarette.
Foto: McDonnell Douglas

Die C-47 als Schwimmerflugzeug! Für die Operationen im Pazifik erprobte man die Maschine unter der Bezeichnung XC-47 C. Doch nur wenige Maschinen wurden in dieser Weise modifiziert.
Foto: McDonnell Douglas

nach Europa und zurück von dort landen konnten. Nun tauchten auf den Streckenkarten der Piloten neue Namen auf: Mocton, New Brunswick, Stephenville, Goose Bay und natürlich Gander.
Noch während die ersten Maschinen Männer und Ausrüstungen zu diesen Plätzen brachten, damit sie die Stützpunkte einrichteten, wurde die Linie noch weiter nach Norden ausgedehnt. Grönland und schließlich Stormoway und Prestwick in Schottland wurden die nächsten Landestationen der zweimotorigen Flugzeuge bei ihrem Flug von Nordamerika nach Europa oder umgekehrt. Dabei zeigte sich, daß die DC-3 auch dann noch große Strecken über See fliegen konnte, wenn sie überladen war, Und das kam wahrlich nicht selten vor.
Mehr als 1200 C-47 und C-53 sind im Rahmen des Pacht- und Leihabkommens an Großbritannien geliefert worden. Sie erhielten bei der Royal Air Force die Bezeichnung »Dakota« und kamen an allen Fronten und für die unterschiedlichsten Operationen zum Einsatz. Die ersten RAF-Maschinen flogen ab April 1942 bei der 31. Squadron in Fernost als die Japaner auf Burma vorstießen. Sie trugen Kommandos hinter die Linien der Japaner und erwiesen sich zusammen mit anderen C-47 auf dem China-Burma-Indien-Kriegsschauplatz als unentbehrlich.
Weitere C-47 und ihre Modifikationen wurden bei den Frei-Französischen Luftstreitkräften sowie bei jenen Australiens, Neuseelands, Kanadas und den an der Seite der Alliierten in Niederländisch-Indien, dem heutigen Indonesien, kämpfenden Holländern eingesetzt.
Wer einmal mit einer DC-3/C-47 als Pilot geflogen ist, der lobt diesen Typ stets in den höchsten Tönen wegen seiner »narrensicheren« Flugeigenschaften.

XCG-117 »Skytrailer« lautete die Bezeichnung für diese motorlose C-47. Sie wurde als Lastensegler im Schlepp der viermotorigen C-54 (milit. DC-4) erprobt. Die Versuche wurden jedoch aufgegeben, da auf amerikanischer wie britischer Seite ausreichend andere und weniger aufwendige Lastensegler zur Verfügung standen.
Foto: Archiv Wegemann

Das hatte nur bedingt seine Richtigkeit, mochte dieses Flugzeug seinen Piloten auch so manchen Fehler verzeihen. Die Tatsache, daß immerhin 10123 Maschinen für den militärischen Einsatz gebaut wurden, ist auch ein Indiz dafür, daß verständlicherweise viele C-47 abgeschossen wurden oder zumindest im Einsatz verloren gingen. Axel Thorer, der die Spuren abgestürzter oder abgeschossener Flugzeuge verfolgt und über ihr Schicksal in seinem Buch »Endstation Dschungel« berichtet hat, schreibt, daß er auf die Auflistung der Wracks von C-47 und »Dakotas« verzichtet habe – es seien einfach zuviele, die dort im Dschungel lägen, teilweise so versteckt, daß nicht einmal die Leichen der Soldaten geborgen werden konnten, die an Bord den Tod fanden.

Immerhin konnte man mit der »Drei« – bei den amerikanischen Piloten hieß sie »Gooney Bird«, was ungefähr soviel heißt wie »Dämlicher Vogel«, aber durchaus liebevoll gemeint war – allerhand anstellen. Dafür einige Beispiele:

So flog in China eine DC-3 der China National Aviation Corporation von Hongkong nach Tschunking. Es war ein Zivilflugzeug, das entsprechend gekennzeichnet im Sommer 1941 seinen Weg durch die Luft nahm. Noch hatte Japan zwar die USA nicht überfallen, befand sich aber seit 1937 im Krieg mit China. Ein japanisches Jagdflugzeug griff die DC-3 mit Bordwaffen an und zwang den Piloten bei Suifu zu einer Notlandung. Auch danach griff der Jäger noch mehrfach an und beschädigte den rechten Flügel der DC-3 so stark, daß er nicht mehr repariert werden konnte. Der Pilot, ein Captain Woods, versuchte von Hongkong aus einen Ersatzflügel zu bekommen.

Dort war aber nur ein rund 1,6 Meter kürzerer Steuerbordflügel einer DC-2 vorhanden. Er wurde heran-

Lisumow Li-2 der jugoslawischen Luftstreitkräfte in den 60er Jahren auf dem militärischen Teil des Frankfurter Flughafens. Hinten rechts eine C-47 der USAF. Foto: Wegemann

Mit seitlich eingebauten Maschinengewehren und -kanonen kam die C-47 auf verschiedenen Kriegsschauplätzen zum Einsatz – ein Verwendungszweck, den Donald W. Douglas nicht vorgesehen hatte. Foto: McDonnell Douglas

Die Curtiss C-46 »Commando« war seinerzeit das größte zweimotorige Flugzeug der Welt. Die Maschine bewährte sich vor allem auf dem asiatischen Kriegsschauplatz der Amerikaner. Nach dem Krieg flogen und fliegen (USA/Kanada/Süd- und Mittelamerika) die C-46 Fracht. Hier eine Maschine, die von der Lufthansa in den USA gechartert worden war. Foto: Lufthansa

geschafft, angebaut und nachdem die Maschine entsprechend eingetrimmt war, flog sie damit und ging als DC-2½ in die Geschichte dieses wahrhaft legendären Flugzeugs ein.

Abenteuerlich ist auch die Geschichte jener C-47, die einen japanischen Jäger vom Typ »Zero-Sen« zum Absturz brachte. Wohlgemerkt: Der japanische Jäger, der von den Alliierten gefürchtet war, wurde Opfer dieser ungleichen Begegnung!

Der japanische Pilot hatte die offensichtlich leichte Beute zunächst mit seinen Bordwaffen angegriffen. Das führte nicht zum gewünschten Erfolg, und es begann eine »Kurbelei« in der Luft, die damit endete, daß der »Zero«-Pilot mit seinem Jäger das Leitwerk der C-47 streifte und es teilweise abriß. Der Jäger stürzte nach dem Zusammenstoß in die Tiefe, die »Drei« kam wohlbehalten auf der Heimatbasis an.

Eine andere C-47 im pazifischen Kriegsraum war so schwer beschädigt worden, daß sich der Pilot zu einer Notwasserung entschloß. Nachdem die Maschine in einer Lagune bereits den Wasserspiegel gestreift hatte, wurde sie plötzlich 50 Fuß (zirka 15 Meter) hochgeschleudert. Durch diesen »Widerstand« seines Flugzeugs ermuntert, entschloß sich der Pilot, den Heimflug zu versuchen. Er schaffte es.

Höchst besorgniserregend schien der Flug einer C-47 zu verlaufen, die mit Geheimmaterial im Pazifik unterwegs war und deshalb als Eskorte einen North American P-51 »Mustang«-Jäger neben sich hatte. Während des Fluges drehte der C-47-Pilot plötzlich durch und erklärte dem Jäger-Piloten über Funk, er werde japanisches Gebiet anfliegen und dort landen. Der kaltblütige Jägerpilot schoß die C-47 so schwer an, daß deren Pilot gezwungen war, auf dem letzten Stück eigenen Gebietes eine Notlandung vorzunehmen. Anschließend ließ sich der »Mustang«-Pilot neben seine Abschußzeichen in deutschen, italienischen und japanischen Farben unter der Kabinen-

Am 21. November 1956 landete eine R4D-5 (Navy-Variante der C-47) unter der Führung von Lieutnant-Commander Conrad Shinn als erstes Flugzeug am Südpol und startete von dort auch wieder. Aufgabe dieses Fluges war die Errichtung von Navigationshilfen für eine wissenschaftliche Beobachtungsstation.
Foto: McDonnell Douglas

Eine R4D-8 (Navy-Version der Super-DC-3) als Verbindungs- und Transportflugzeug der US Naval Base Sigonella auf Sizilien zu den Flugzeugträgern der 6. US-Flotte im Mittelmeer.
Foto: Wegemann

In den Bau des zweimotorigen A–20 flossen die Erfahrungen mit der DC-2 und DC-3 ein. Ursprünglich war die Maschine unter der Bezeichnung DB-7 für die französische Luftwaffe entwickelt worden. Nach dem Einmarsch der Deutschen in Frankreich kam sie als schneller Bomber und Nachtjäger (bei der englischen RAF) zum Einsatz. Im Foto ein A–20-Bomber der RAF, der dort die Bezeichnung »Havoc« (Zerstörer) trug. 7378 Exemplare wurden gebaut.
Foto: Archiv Wölfer

haube auch noch ein Abzeichen mit den Stars and Stripes malen.
Selbst ein japanischer »Kamikaze«-Pilot schaffte es nicht, eine C-47 vom Himmel zu holen. Nachdem seine Bordwaffen nichts gebracht hatten, fetzte er mit dem Propeller seiner »Zero« und mit der Rumpfspitze ein großes Stück aus dem Rumpfoberteil der C-47 und verschwand dann trudelnd mit einer langen Rauchfahne in der Tiefe. Der »Gooney Bird« aber schaffte – wenn auch recht zerfleddert – den Heimflug.
Den Flug an Bord einer C-53 in Australien dürften die 26 Passagiere in dieser Militärmaschine sicherlich ihr Leben lang nicht vergessen haben. In etwa 12000 Fuß Höhe (zirka 3600 Meter) kam das Flugzeug der Royal Australian Air Force in einen Wirbelsturm. Der packte die »Dakota«, warf sie in Rückenlage und ließ sie mit rasender Geschwindigkeit ein paar Loopings drehen. In 1200 Meter Höhe konnte der Pilot, dessen Name nicht überliefert worden ist, sein Flugzeug abfangen und es schließlich landen. Außer mit Prellungen und Schnittwunden waren die Menschen an Bord mit dem Schrecken davongekommen.

Weniger Glück hatten die Insassen einer einstmals an die KLM gelieferten DC-3. Die befand sich – in militärischen Diensten – im März 1942 auf dem Flug über West-Australien, als sie von drei »Zero«-Jägern angegriffen und abgeschossen wurde. Eine weitere DC-3 der KLM, die sich in Diensten von BOAC auf dem Weg von Lissabon nach Großbritannien befand, wurde von einem deutschen Ju88-Fernaufklärer über der Biskaya abgeschossen.

349048

D-Day – Tag der Entscheidung

Die Invasion

Les sanglots longs
des violins
de l'automne
blessent mon coeur
d'une longeur
monotone.

»So schluchzend zieht
das Geigenlied
des Herbstes hin,
daß matt und wund
vor Schmerz und Qual
ich bin.«

Während der Invasion in der Normandie im Juni 1944 wird eine C-47 der Freien Französischen Streitkräfte (FFL) mit Nachschubgütern beladen. Die Streifen am Rumpf und an den Tragflächen waren das Erkennungszeichen der Invasions-Luftflotte. Vorn im Foto ein P-47 »Thunderbolt«-Jabo der Franzosen.
Foto: Archiv Wölfer

Mit diesem Vers des französischen Dichters Paul Verlaine, dessen Zeilen einzeln in Sendungen des britischen Senders BBC für Frankreich eingestreut werden, wird ein Ereignis angekündigt, das innerhalb eines knappen Jahres zum Ende des Zweiten Weltkrieges in Europa führen wird: die Invasion! Adressat der Nachricht, die von der deutschen Abwehr ebenfalls empfangen wird, ist die französische Résistance, die Widerstandsbewegung des von den deutschen Truppen seit vier Jahren besetzten Landes.

»D(ecision)-Day« – Tag der Entscheidung haben die Alliierten diesen Tag genannt, als Tag »X« wird er von den Deutschen bezeichnet, die wissen, daß die Invasion bevorsteht, aber vielfach nicht glauben wollen, daß es tatsächlich soweit ist, als in der Nacht vom 5. zum 6. Juni 1944 der Angriff der Alliierten zur Befreiung Europas beginnt.

Wenige Stunden zuvor ist die letzte Ziele des Verses von Paul Verlain gesendet worden, der in deutscher Übersetzung lautet:

Und währenddessen glaubt die deutsche Führung immer noch, die Invasion der Alliierten werde eher bei Calais, an der Dover gegenüberliegenden Stadt, die als Fährhafen zu großer Bedeutung kam, erfolgen. Hier war der Kanal schmal, würde die Flotte der Briten und Amerikaner nur eine kurze Strecke zu fahren haben. Die Normandie – das war nach Meinung der deutschen Führung nur ein Ablenkungsmanöver. Und tatsächlich hatten die Alliierten in der Grafschaft Kent eine ganze Geisterarmee mit entsprechenden Unterkünften und Gerät errichtet. Ein Potemkin'sches Dorf, auf das die deutsche Luftaufklärung prompt hereinfiel und das die deutschen Stäbe verwirrte.

Natürlich hatte man auch die Zusammenziehung großer Truppenverbände registriert, hatte die in aller Eile zusätzlich angelegten Feldflugplätze fotografiert, auf denen sich die Bomber, Jäger und Transporter sammelten – FLugzeuge, die teils auf dem Luftweg aus den USA gekommen waren, teils auf dem Seeweg in zahllosen Geleitzügen an Bord von

Frachtern. Und so manches Flugzeug war mit dem Schiff, das es nach England bringen sollte, auf den Grund des Meeres gesunken, bevor es sein Ziel erreicht hatte. Die deutschen U-Boote waren noch immer am Feind, mochten sich ihre Kampfbedingungen wegen der immer ausgefeilteren Abwehrtechniken der Geleitzug-Begleiter auch erheblich verschlechtert haben.

Nun aber, in dieser Nacht, die windig und wolkenverhangen ist, beginnt die Invasion an der Küste der Normandie. Bomber mit starkem Jagdschutz laden ihre todbringende Fracht über den Abwehrstellungen der Deutschen ab. Und es kommen die Transporter. C-47, manche noch mit -Lastenseglern im Schlepp. Dichtgedrängt sitzen die Männer der 6. britischen Luftlande-Division und der amerikanischen 82. und 101. Airborne Division auf den eisernen Bänken entlang der Rümpfe ihrer »Gooney Birds«. Die Säcke mit den Fallschirmen vor der Brust, die Helme mit dem breiten Kinnschutz auf den Köpfen, die Gesichter geschwärzt, Maschinenpistolen und andere leichte Waffen in den Armen, so warten sie auf das Zeichen zum Absprung. Springen, pendeln an ihren Schirmen zu Boden, landen, um Brücken zu nehmen oder zu sprengen, um wichtige Gefechtsköpfe für die nachfolgenden Kameraden zu bilden. Tod und Verderben bringen sie mit sich – Tod und Verderben erwarten sie. Viele fallen, ohne den Boden erreicht zu haben, andere im Feuer der Deutschen am Boden, wieder andere versinken hilflos in Wassergräben und sumpfigem Gelände.

Mag auch die deutsche Flak verzweifelt versuchen, Abschußerfolge zu erzielen, das Dröhnen der Motoren der C-47-Transporter und Lastensegler-Schlepper wird nun tagelang nicht mehr verstummen. Es wird sich eher noch verstärken; denn neben den

Eine C-47 landet am 8. Juni 1944 als erstes Flugzeug der Alliierten in Frankreich auf einem provisorischen Feldflughafen. Er war von Pioniereinheiten der 9. US-Luftflotte angelegt worden, die einen Tag nach dem Invasionsbeginn (6. Juni 1944) im Brückenkopf gelandet waren und sofort mit der Anlage des Platzes begonnen hatten. Deutlich sichtbar die Fesselballons zum Schutz gegen feindliche Tieffliegerangriffe.
Foto: Archiv Wölfer

Bombern und den Jägern sind es mehr als 1200 Transporter, die von England herüberkommen. Sie bringen in den ersten 48 Stunden dieser bisher größten Operation zur Eroberung einer Küste von See und aus der Luft mehr als 20000 Fallschirmjäger auf den Kontinent, dazu Munition, Waffen, Fahrzeuge und Verpflegung.
Eine ungeheure, eingespielte Logistik und ein Flugzeug, das in ausreichenden Stückzahlen zur Verfügung steht und sich durch seine große Zuverlässigkeit auszeichnet, sind die Garanten dafür, daß die ersten 48 Stunden für die Alliierten die Voraussetzungen für den Sieg bringen. Dabei ist die erste C-47 erst zwei Jahre zuvor – Mitte 1942 – zu ihrem Jungfernflug aufgestiegen.
Für die Techniker von Douglas bringen die Forderungen, die von den Militärs an das Transport-Flugzeug gestellt werden, unzählige Probleme, die einer ausgefeilten Lösung bedürfen. Das hat mit der großen Frachtpforte, einer Doppeltür an der linken Seite, begonnen. Um sie einzuschneiden, sind Verstärkungen der Zellenstruktur nötig. Denn sonst muß man befürchten, daß der Schwanz der Maschine mit dem gesamten Leitwerk bei der geringsten Belastung in der Luft abbrechen wird.
Nachdem die entsprechenden Verstärkungen eingebaut worden sind, stellt sich heraus, daß sich das fliegerische Verhalten der Maschine nachteilig verändert hat. In langwierigen Windtunnel-Versuchen, denen praktische Erprobungen an entsprechend modifizierten C-47 folgen, gelingt es, die Maschine fliegerisch sicher zu machen.

Start zum Feindflug mit einem Lastensegler im Schlepp. Ziel der amerikanischen C-47, die von einem englischen Feldflughafen gestartet ist, ist Arnheim. Bei dieser alliierten Operation im September 1944 wurden 1500 Flugzeuge und Lastensegler eingesetzt, die 35000 Mann transportierten.
Foto: Archiv Wölfer

Doch mit der großen Frachtpforte allein sind die militärischen Forderungen und somit die konstruktiven Veränderungen der C-47 bei weitem noch nicht erfüllt. Die C-47 soll schließlich Soldaten und technisches Material bis hin zu Jeeps und leichten Geschützen transportieren. Da kann man auf eine luxuriöse Kabine ebenso verzichten, wie auf die – mit viel Aufwand an Dämmstoffen geschaffene – Geräuschdämmung. Alles, was irgendwie entbehrlich ist, wird herausgerissen und in der Serie gleich fortgelassen. Jedes Kilogramm Flugzeuggewicht, das so eingespart werden kann, wird der Nutzlast zugute kommen.
Doch dann stellt sich heraus, daß auch der Kabinenboden verstärkt werden muß. Danach aber ist die Maschine fast noch schwerer als zuvor. Das Problem lösen leistungsstärkere Motoren. Und nun wird die C-47 zum Standard-Transportflugzeug und geht in Massenproduktion. Dafür werden neue Techniken entwickelt, die C-47 wird regelrecht am »Fließband« gebaut. Die hier angewandten Techniken schaffen die Grundlagen für die Produktion in unseren Tagen.
So werden ab Mitte 1944 in den drei Werken von Douglas Stunde für Stunde zwei Flugzeuge vom Typ C-47 gebaut. Daß es zu diesem Produktions-Ausstoß kam, lag nicht zuletzt an General Henry H. Arnold, dem Chef der amerikanischen Luftstreitkräfte. Der kannte Donald W. Douglas schon aus jener Zeit in den letzten Monaten des Ersten Weltkrieges, als Douglas Chefingenieur der Nachrichtentruppe des amerikanischen Heeres war.
Als die DC-1 im Juli 1933 zum Erstflug startete, stand Arnold, nunmehr Oberstleutnant, neben Douglas, sah der eleganten DC-1 zu und meinte so ganz nebenbei: »Doug, sowas sollten wir für unsere Transportflieger bekommen…«
Es dauerte bekanntlich noch einige Jahre, bevor die ersten DC-2 als Militärtransporter zu den Heeresfliegern kamen. Doch Henry Harley »Hap« Arnold kletterte die Karriereleiter immer weiter hinauf und sollte schließlich einer der wenigen Fünf-Sterne-Generäle der USA werden (was dem Marschall der europäischen Heere und Luftstreitkräfte entspricht).
Lange bevor der Tag der Invasion gekommen ist, werden überall in den USA und in Großbritannien die Vorbereitungen dafür getroffen. Munition und Waffen werden produziert, Sanitätsmaterial und Lebensmittelrationen für die Soldaten hergestellt, die an der Invasionsfront kämpfen werden. Und General Arnold verlangt für den »D-Day« 400 Maschinen des Typs C-47 mehr als sein Freund Donald W. Douglas im Produktionsplan vorgesehen hat.
Und so beginnt kurz vor Mitternacht vom 5. auf den 6. Juni 1944 der Einflug der ersten C-47 und »Dakota« – nach diesem Indianerstamm der Sioux haben die Engländer ihre C-47 benannt – mit Fallschirmjägern an Bord und Lastenseglern im Schlepp. Was die Deutschen beim Sturm auf die Forts von Eben Emael am belgischen Albert-Kanal vorexerziert haben, das machen jetzt die Alliierten nach – nur in einem erheblich größeren Maße.
Als der Tag graut, pflanzt sich in den deutschen Stellungen und den Feldtelefonen zwischen den Stäben der Ruf fort: »Sie kommen«.
Und sie kommen mit einer riesigen Armada von nicht weniger als 1200 Transportern. Mit jeweils vier in einer Reihe fliegt diese Formation über eine Strecke von mehr als 300 Kilometer Länge.
»Der Himmel ist verdunkelt von den zahllosen Transportflugzeugen«, berichtet ein amerikanischer Radioreporter seinen Hörern in den USA direkt von der Invasionsfront. »Das Geräusch der Motoren scheint nicht mehr abreißen zu wollen, und nicht selten vergessen die deutschen Soldaten völlig, sich gegen unsere Männer zur Wehr zu setzen. Sie starren zum Himmel und können einfach nicht glauben, daß dies alles tatsächlich Flugzeuge sind…«
Sicherlich eine etwas übertriebene Darstellung des Geschehens, aber die Wirklichkeit war – das zeigen Fotos der amerikanischen und englischen Kriegsbe-

Drei Maschinen des Musters Douglas DC-3, »zivilisierte« ehemalige C-47, flogen nach dem Zweiten Weltkrieg von 1955 bis 1960 bei Lufthansa. Eines der Ziele war auch der Hamburger Flughafen Fuhlsbüttel. Zwei LH-DC-3 wurden 1960 an die Münchener Gesellschaft Bavaria verkauft.
Foto: Lufthansa

LUFTHANSA

E

◄ Landung in Berlin 1990. Foto: Swissair

Stewardess Ruth Baggerstos von CLASSIC AIR in der Vorkriegsuniform von Swissair vor der DC-3 des Erinnerungsfluges nach Berlin. Foto: Swissair

Die HB-ISB in den alten Swissair-Farben vor dem Start nach Berlin im Oktober 1990. Foto: Swissair

Meilensteine des Welt-Luftverkehrs: Die DC-3 und der europäische Airbus A 300. Foto: Wölfer

Werbeplakat der schwedischen Fluggesellschaft ABA, die heute zur SAS gehört. Foto: SAS

Werbe-Ansichtskarte der kolumbianischen Fluggesellschaft AVIANCA. Sie stammt aus einer Serie mit gezeichneten Darstellungen alter und neuer Flugzeuge, die um 1965 erschien.

Zwei ehemalige LH-DC-3 flogen von 1960–1967 bei der Münchner Fluggesellschaft Bavaria.
Foto: Flughafen München

Eine C-47 der Bundesluftwaffe im normalen Tarnanstrich.

Die C-47 der Bundesluftwaffe flogen in sehr unterschiedlichen Farbgebungen. Hier die 14+07 mit weißem Rumpf und unten graublauen Tragflächen. Rumpfspitze und Heckflosse in Day Glow-Orange, dazwischen – hinter dem Cockpit, vor der Tür und unter dem Eisernen Kreuz orangerote Bänder. Auch die vorderen Triebwerksverkleidungen und die Flügelspitzen tragen Orangerot. Fotos: Schliephake

Während zahllose C-47 aufgereiht Fallschirmjäger der 1. Allied Airborne Army an Bord nehmen, um sie zum Einsatz nach Arnheim zu fliegen, haben im Vordergrund zwei Maschinen Verwundete vom Kontinent zurückgebracht.
Foto: Archiv Wölfer

richter aus jener Zeit – nicht weit davon entfernt. Und William Randolph Hearst jr., der Sohn des amerikanischen Zeitungskönigs, der sich in jenen Tagen in Großbritannien aufhielt, schrieb in einem Kommentar für seine Leser: »Ich bin sicher, daß dieses Flugzeug in die Geschichte der Luftfahrt als eines der bedeutendsten Kriegsflugzeuge eingehen wird!« Tatsächlich hat es keinen Schauplatz des Zweiten Weltkrieges gegeben, an dem diese etwas plumpe, zweimotorige Maschine nicht zum Einsatz gekommen wäre.

»Dakota«- und C-47-Transporter flogen Panzerteile zu Montgomerys »Wüstenratten« nach El Alamein und machten den Siegeszug dieser legendären Truppe möglich. Sie brachten Fallschirmjäger und Nachschub nach Griechenland, als sich die deutschen und italienischen Truppen von dort absetzten. Sie flogen die Fallschirmjäger der 1. britischen Luftlande-Division, der 82. und 101 US Airborne Division und der 1. polnischen Luftlande-Brigade zu den verlustreichen Kämpfen der Operation »Market Garden« nach Arnheim. Bei dieser Operation, die der Eroberung von wichtigen Brücken über holländische Flüsse dienen sollte, flogen 1500 C-47 und dazu zahllose Lastensegler rund 35000 Soldaten ins Gefecht.

Die C-47 flogen Flugbenzin und Versorgungsgüter zu den Basen auf Guadalcanal und den anderen heiß umkämpften Inseln des pazifischen Kriegsraumes. Auch der direkte Einsatz von Heeressoldaten, die direkt aus dem Flugzeug in die Schlacht gingen, war nur durch die C-47 möglich. Es waren Infanteristen des amerikanischen Heeres, die in den Owen Stanley Mountains auf Neuguinea in den Kampf gingen.

Viele alliierte Befehlshaber hatten Maschinen vom Typ DC-3 als Stabsflugzeuge. Genannt seien hier nur Stilwell (USA), Mountbatton und Montgomery (Großbritannien) und Tschiang-Kaischek (China) sowie Eisenhower und McArthur (USA). Sie alle schätzten die »Drei«, die natürlich für ihre Zwecke komfortabler eingerichtet war als die übliche C-47. Immerhin sind mehr als 750000 verwundete und kranke Militärangehörige der Alliierten befördert worden – und nicht selten rettete ihnen diese schnelle Beförderung auf dem Luftweg das Leben. Sogar deutsche Urlauber vom Afrika-Korps Rommels flogen mit den bei der Lufthansa eingestellten Beute-DC-2 und -DC-3 über Rom in die Heimat.

Viele Deutsche aber, die bis dahin noch keine Möglichkeit gehabt hatten, die DC-3/C-47 kennenzulernen, wurden nach Ende des Krieges in Europa damit geflogen: Wirtschaftsführer und Militär-Befehlshaber ebenso wie ehemalige Nazi-Größen und Wissenschaftler wurden an Bord dieser Transporter in die »Interrogation Camps«, die Vernehmungslager der Alliierten, geflogen. Zu ihnen gehörten – um nur zwei von ihnen zu nennen – der Raketenspezialist Wernher von Braun und der Flugzeug-Industrielle Willy Messerschmitt.

Nicht nur im Westen bewährte sich die berühmteste Douglas-Konstruktion vielfältig. Auch im Osten kam dieses Transportflugzeug, mochte es hier auch PS-84 oder Li-2 genannt werden, in großen Mengen zum Einsatz. Maschinen der Roten Luftwaffe beispielsweise brachten während der deutschen Belagerung von Leningrad – heute wieder: St. Petersburg – Versorgungsgüter in die Newa-Motropole und flogen alte Menschen und Kinder aus der eingeschlossenen Stadt.

April 1945. C-47 der USAAF beladen mit Treibstoff auf dem Flug zu den auf Berlin vorrückenden alliierten Verbänden. **Foto: Archiv Wölfer**

ORVAR VIKING
ABA SWEDEN

Eine DC-3 für 250 Dollar

Vor der Gründung der gemeinsamen Fluggesellschaft SAS durch Dänemarks DDL, Norwegens DNL und Schwedens ABA 1946 flog die »Orvar Viking« bei der schwedischen Gesellschaft.
Foto: SAS

Als schließlich der Zweite Weltkrieg auch im Fernen Osten zu Ende ist und die Waffen endgültig schweigen, gibt es sehr bald zahlreiche nicht mehr benötigte C-47- und »Dakota«-Transporter bei den Luftstreitkräften der Alliierten. Lange haben sich die alten »Schlachtrösser« auf allen Schauplätzen des Krieges als unentbehrlich erwiesen, nun aber – da die Soldaten entlassen und die Verbände entsprechend verkleinert werden – gibt es überflüssiges Kriegsmaterial in Hülle und Fülle. Und dazu zählen auch unzählige der 10123 gebauten Militärtransporter.

Die waren preiswert, ja billig zu haben, und das bedeutete die Riesenchance für viele Flug-Gesellschaften in allen Teilen der Welt. Nicht nur die Großen des Luftverkehrs, wie KLM, Swissair, Sabena, Air France, British Airways und die skandinavischen Flug-Gesellschaften, die sich sehr bald zum Konsortium SAS zusammenschlossen, griffen zu. Auch unzählige kleine und kleinste Unternehmen erwarben C-47, um mit ihnen Passagiere oder Fracht oder beides gleichzeitig zu fliegen. Damals war eine einigermaßen erhaltene C-47 schon für 1200 Dollar zu haben, und wer viel Glück hatte, der erwischte sogar eine C-53, also die militärische Passagierausführung, für einen guten Preis.

Wenig gute waren gelegentlich für 250 Dollar am Markt, und eine ganze Reihe von »Gooney Birds« wurde einfach verschrottet. Andere wurden nach Abnahme der Flügel oder auch nur der Triebwerke zu Bauhütten oder Behelfsheimen umfunktioniert. Doch mit der steigenden Nachfrage nach guten, flugfähigen Exemplaren stieg der Preis, und manchmal bedurfte es schon guter Beziehungen und einer gehörigen Portion Glück, um eine solche Maschine zu »ergattern«.

Wie das so zuging, dafür ist die Fluggesellschaft Cathay Pacific ein exzellentes Beispiel. Die Fluggesellschaft, die als eine Art heimlicher »Flag Carrier« Hongkongs gilt und dies sicherlich noch bis 1997 – dann übernimmt die Volksrepublik China die gegenwärtige englische Kronkolonie – sein wird, gehört zur mächtigen Swire Group und ist Hauptaktionär der zweiten großen Flug-Gesellschaft mit Sitz in Hongkong, der Dragonair.

Während des Zweiten Weltkrieges lernten sich zwei Piloten kennen, die beide bei der China National Aviation Company die C-47 flogen. Sie beförderten Fracht und Passagiere vom indischen Kalkutta über den Himalaja nach China, und sie träumten einen verwegenen Traum: Nach Ende des Krieges wollten sie in China ein Handelsimperium aufbauen.

Die Männer, die knallharte erfahrene Piloten und Träumer zugleich waren, hießen Roy C. Farrell und Sydney de Kantzow. Amerikaner der Erstgenannte, Australier der zweite.

Trotz seiner Erfahrungen als Pilot und trotz des Vertrauens zur C-47 will Farrel, der 1945 in die Vereinigten Staaten zurückkehrt, zunächst ein Schiff kaufen, um damit Tramp-Schiffahrt über den Pazifik nach Fernost zu betreiben.

Doch zu dieser Zeit sind keine preisgünstigen Frach-

ter am Markt, und ein Gespräch mit Freunden überzeugt den jungen Piloten, daß es ja auch ein Flugzeug sein könnte. Also fährt Farrell nach Bush Field in Georgia, wo die Flugzeuge aus den »Surplus«-Beständen angeboten werden. Hier sieht er sich nach einem »Gooney Bird« um, muß aber feststellen, daß die Maschine die er sucht, nicht vorhanden ist. Sie soll in bestem flugfähigen Zustand sein, aller militärischen Einrichtungen entkleidet und technisch bestens gewartet.
Der Sergeant, der ihn bei der Suche nach »seinem« Flugzeug über das riesige Areal des Flugplatzes begleitet, erklärt sich schließlich bereit, Farrell in seinem Hotel in New York anzurufen, sobald eine C-47 eintrifft, die seinen Vorstellungen entspricht. Ein paar Kartons Whisky sorgen dafür, daß der Feldwebel sein Versprechen nicht vergißt.
Schon einen Tag später klingelt das Telefon bei Roy C. Farrell im New Yorker Waldorf Astoria: die gewünschte C-47 ist eingetroffen. Farrell macht sich umgehend auf die Reise nach Georgia und steht am 6. Oktober 1945, einem Sonnabend, morgens um 6.15 Uhr zum erstenmal vor »Betsy«, jener C-47, die erstes Flugzeug der neuen Luftverkehrs-Gesellschaft Cathay Pacific Airways werden soll.
30000 Dollar bezahlt Farrell für die in bestem Zustand befindliche C-47, fliegt sie im Schneesturm nach New York und läßt sie dort zur DC-3 umrüsten, die Fracht und Passagiere fliegen kann. Nachdem der DC-3 das Lufttüchtigkeits-Zeugnis erteilt worden ist, fliegen Farrell, sein Co-Pilot Bob Russell und sein Navigator Bill Geddes-Brown mit der ersten Ladung – sie besteht aus Morgenröcken und Zahnbürsten – um die halbe Welt herum bis nach Shanghai. Von dort aus will Farrell mit seiner DC-3 Charterflüge unternehmen, will Waren einkaufen und verkaufen – ganz so, wie er es sich zusammen mit Sydney de Kantzow ausgemalt hat.
Es würde den Rahmen dieses Buches sprengen, die Geschichte von Cathay Pacific Airways, die heute eine Aktiengesellschaft ist, zu verfolgen. Im Juni 1948 übernahm das Handelshaus Butterfield & Swire zusammen mit der Australian National Airways (ANA) den größten Teil der Geschäftsanteile, und heute ist Cathay Pacific mit 17 Lockheed L-1011 »TriStar« und 24 Boeing 747 (darunter drei »Jumbo-Frachter«) der Flag-Carrier von Hongkong. 11400 Mitarbeiter stehen im Dienst dieses Unternehmens, das ab 1995 zehn Airbus A330-300 erhalten wird.
Die Geschichte der DC-3 »Betsy« endet an dieser Stelle noch nicht. 1955 wurde die Maschine mit der Hongkong-Registrierung VR-HDB verkauft und 30 Jahre später mehr oder weniger durch Zufall in Australien entdeckt, wo sie für die inneraustralische Frachtflug-Gesellschaft Bush Pilots Airways noch immer im Einsatz war. Sie hatte mittlerweile 40000

Douglas DC-3 im Dienst der Air France zusammen mit der in Frankreich nach dem Zweiten Weltkrieg als AAC.1 nachgebauten Junkers Ju 52/3m. Zwei dieser Maschinen sind – zusammen mit einer Martinet NC720 – unter der DC-3 zu sehen. Foto: Air France

Die »Super-DC-3« sollte an den Erfolg ihrer Vorgänger anknüpfen, doch sie schaffte es nicht. Andere, modernere Konstruktionen wie die Convair 240 und die Martin 2–00–2 kamen in den USA auf den Markt, in Großbritannien war es die Vickers »Viking«, die der DC-3 erfolgreich Konkurrenz machte. Her startet die erste Super-DC-3 im August 1949 vom Werksflugplatz in Santa Monica.
Foto: McDonnell Douglas

Flugstunden in ihrem Logbuch, was rund zwölf Millionen Flugkilometern entspricht. Cathay Pacific Airways erwarb ihr Traditions-Flugzeug 1983 zurück, ließ es so bemalen, wie es 1947 ausgesehen hatte, und dann flog die alte »Betsy« von Sydney nach Hongkong – so, wie damals in ihren frühen Tagen bei Cathay Pacific Airways. Am 23. September 1983 wurde sie jubelnd in Hongkong begrüßt und stand 1986 bei der 40-Jahr-Feier der Fluggesellschaft im Mittelpunkt des Interesses.

Jetzt kann man »Betsy« im Museum für Wissenschaft & Technik besichtigen, das Ende 1990 eröffnet wurde – Zeugin ihrer Epoche und Meilenstein auf dem Weg zum Luftverkehr von heute.

Dies ist ein Beispiel für viele ähnliche Gründungen von Fluggesellschaften nach dem Zweiten Weltkrieg, die aus kleinsten Anfängen zu Großunternehmen wurden. Gerechterweise muß jedoch gesagt werden, daß es auch zahlreiche weniger erfolgreiche Gründungen gab – daß die C-47/DC-3 daran ihren Anteil hatten, darf indessen bezweifelt werden.

Die Produktion der C-47/DC-3 war inzwischen beendet worden. Allgemein wurde die Ansicht vertreten, die Zeit der »guten, alten ›Drei‹« sei nun endgültig abgelaufen. Sicherlich, einige wenige würden noch eine Zeitlang in Afrika und Asien fliegen, aber inzwischen traten größere Flugzeuge mit vier Motoren die Nachfolge an. Die Douglas DC-4 beispielsweise, deren Prototyp schon vor dem Zweiten Weltkrieg geflogen war und die als C-54 bereits Eingang in die

Eine der ersten Maschinen von SAS, die nach 1945 wieder nach Deutschland flogen, die in Norwegen registrierte LN-IAK, steht hier vor dem damaligen Kontrollturm des Flughafens München-Riem. Der Turm ist noch teilweise eingerüstet, weil Kriegsschäden behoben werden müssen. SAS eröffnete nach Pan Am und KLM den Linienflugbetrieb auf der Route Oslo–Göteborg–Kopenhagen–Frankfurt–München mit DC-3 am 3. April 1949.
Foto: Flughafen München

Abendruhe im alten Hangar des Hamburger Flughafens Fuhlsbüttel. Vorn die HB-IRM der Swissair, sie wurde 1947 erworben, flog bis Ende 1960 im Schweizer Luftverkehr und wurde am 22. Februar 1961 an die algerische Luftwaffe verkauft. Dahinter zwei DC-3 von SAS und ganz hinten eine viermotorige Avro »York« von Skyways of London. Das Foto enstand um 1952.
Foto: Archiv Wölfer

»Dakota Inn«, heißt diese ungewöhnliche Kneipe in der Nähe von Johannesburg/Südafrika, typisches Beispiel für eine billig erworbene DC-3/C-47. Unten befindet sich ein »Tante Emma-Laden«, im Flugzeug darüber werden Kaffee und andere Getränke serviert. So manche »Kiste«, die auf diese Weise zweckentfremdet worden war, wurde bei Beginn des Korea-Krieges wieder aktiviert und flog zum zweitenmal in ihrer Laufbahn. Foto: Archiv Wölfer

Transportverbände der USAAF gefunden hatte. Da war außerdem die Lockheed »Constellation« aus den USA, und es kamen moderne zweimotorige Muster wie die Convair C.240/340 sowie die britische Vickers »Viking« und schließlich die mit vier Propellerturbinen ausgestattete Vickers »Viscount«.
1946 war die DC-3-Produktion ausgelaufen, doch Donald W. Douglas glaubte, einen Markt für die »Super DC-3« finden zu können, die aerodynamisch überarbeitet worden und 70 Zentimeter länger war als das Vorgänger-Flugzeug. Mit seinem Sohn und anderen Repräsentanten seines Werkes führte er eine ausgedehnte Verkaufstour zu den Carriern durch, aber Luftfahrt-Manager winkten ab. Und schließlich war man bei Douglas froh, als sich die US Navy zum Kauf von 98 Maschinen dieses Typs entschloß, die dort die Bezeichnung R4D-8 erhielten.
Nach 803 zivilen DC-3 beziehungsweise DST und 10123 militärischen Transportern mochte die Produktion dieses einzigartigen Flugzeuges zwar beendet sein, die Geschichte der DC-3/C-47 endet hier noch lange nicht.

Die Luftbrücke nach Berlin

Der Sommer 1948 bringt für die C-47 der Amerikaner und für die »Dakotas« der Engländer und Franzosen reichlich Arbeit. Als die Sowjets wenige Tage nach der Währungsreform in den drei westlichen Besatzungszonen die Land- und Wasserwege nach Berlin sperren, läuft die größte Versorgungsoperation durch die Luft an, die es bisher gegeben hat. Mehr als zwei Millionen Menschen in den westlichen Besatzungszonen der ehemaligen Reichshauptstadt sind auf das angewiesen, was die westlichen Alliierten für sie durch die Luft heranschaffen: Lebensmittel, Brennstoffe, Textilien und... und... und... Es gibt praktisch nichts, was die Flugzeuge zwischen dem 26. Juni 1948 und dem 6. Oktober 1949 nicht über diese »Luftbrücke« in die Millionenstadt an der Spree bringen.

Insgesamt werden es nach Abschluß dieser einmaligen Operation 2,3 Millionen Tonnen Versorgungsgüter sein, die auf 277728 Flügen befördert worden sind.

Daß diese ungeheure Leistung vollbracht werden konnte, verdanken die Bürger West-Berlins dem seinerzeitigen Militär-Gouverneur der USA, General Lucius D. Glay, und dem damaligen Kommandeur der amerikanischen Luftstreitkräfte in Europa, General Curtis LeMay. Clay verblüffte seinen Kameraden durch die am Telefon gestellte Frage: »Können wir Kohle auf dem Luftweg transportieren?« Er mußte LeMay, dem es offensichtlich die Sprache verschlagen hatte, die Frage wiederholen. Doch dann erhielt er die Antwort, die geradezu klassisch für die Art der Amerikaner ist, auch Unmögliches möglich zu machen: »Sir, die Air Force kann alles transportieren!«

Die Aktion beginnt damit, daß Generalmajor Curtis LeMay sich erst einmal einen Überblick über die vorhandenen Flugzeuge verschafft. In ganz Europa, das heißt überall dort, wo amerikanische Luftstreitkräfte liegen, gibt es 102 C-47. Das entspricht einer Transportkapazität von 306 Tonnen, überlegt Curtis LeMay. Dazu kommen die wenigen C-54, die gegenwärtig bei der USAAF in Europa verfügbar sind und die »Dakotas« der Engländer. Mit dieser kleinen Luftflotte soll er antreten, um die Versorgung einer Millionenstadt auf dem Luftweg sicherzustellen.

Die meisten C-47 der Amerikaner gehörten zur 60th Troop Carrier Group, einer Einheit, die sich im knapp zurückliegenden Zweiten Weltkrieg an vielen Fronten bewährt hatte. Einige der Maschinen trugen noch immer die weißen Streifen am Rumpf – Zeichen dafür, daß diese C-47 während der Invasion in der Normandie eingesetzt waren.

Die »Operation Vittles« läuft an. Die Bezeichnung soll sie – so wird berichtet – von General Joseph Smith erhalten haben, als er sah, wie die erste Maschine mit Nahrungsmitteln und medizinischer Ausrüstung beladen wurde. »Operation Vittles«, das könnte man ein wenig frei als »Aktion Überleben« übersetzen. Aber wird die Stadt durch die Luftversorgung wirklich überleben können?

Dicht hintereinander stehen die C-47, werden entladen und starten wenig später wieder, um neue Güter nach West-Berlin zum Flughafen Tempelhof zu bringen.
Foto: McDonnell Douglas

In den ersten 48 Stunden flogen die C-47 und die »Dakota«-Transporter der RAF ganze 80 Tonnen Mehl, Milch und pharmazeutische Artikel nach Berlin, doch bis zum 7. Juli 1948 hatten sie bereits 1000 Tonnen nach Tempelhof, Gatow und Tegel geflogen. Und dabei waren erstmals auch Kohlen gewesen; denn die Millionenstadt war nicht nur von ihren Land- und Wasserverbindungen abgeschnitten, sondern obendrein auch von ihren Versorgungssträngen.

Noch war Sommer, doch Lucius D. Clay war sich darüber klar, daß der bevorstehende Winter erst die tatsächliche Kraftprobe bringen würde. Mit ihr galt es fertig zu werden, und Einsparungen an allen Ecken und Enden würden nicht zu vermeiden sein. Die Bevölkerung einer Stadt, in der mehr Menschen lebten als damals in Chicago, war zu versorgen.

Neben die militärischen Transportflugzeuge – die Engländer setzten bald auch Flugboote des Typs Short »Sunderland« ein, die in Hamburg beim heutigen Werk Finkenwerder von MBB beladen wurden, auf der Elbe starteten und auf dem Wannsee landeten – traten auch sehr bald jene zivilen Maschinen, die von Piloten wie dem schon erwähnten Roy C. Farrell erworben worden waren. Einige der unabhängigen britischen Luftverkehrs-Gesellschaften unserer Tage können ihre Tradition auf die Zeit der Luftbrücke zurückführen, als mit DC-3 das Startkapital für den Ausbau der Flotte verdient wurde.

In jenen Tagen geschah es aber auch, daß ein Air Force-Colonel, der eben in Deutschland eingetroffen war, über einen Flugplatz ging, auf dem C-47 für den Flug nach Berlin beladen wurden. Plötzlich blieb er vor einer Maschine stehen – die sich rein äußerlich in nichts von den anderen unterschied – rieb sich die Augen, blickte noch einmal hin und sagte zu den Offizieren in seiner Begleitung: »Ich freß' einen Besen, wenn das nicht die alte ›Drei‹ ist, die ich vor vier Jahren in China geflogen habe!« Ging um das Flugzeug herum, und ein Blick auf die Zulassungsnummer zeigte ihm, daß er sich nicht geirrt hatte.

Amerikaner, Engländer und dann auch die Franzosen flogen währende der Blockade rund um die Uhr an die Spree. Zwar wurde die C-47 schon bald durch die größere C-54 ersetzt, doch bevor es soweit war, daß die letzte C-47 aus der »Operation Vittles« zurückgezogen wurde, waren die USAAF-Maschinen dieses Musters schon 12000 Mal zwischen Westdeutschland und West-Berlin hin- und hergeflogen. Sie hatten dabei nicht nur mehr als 40000 Tonnen Versorgungsgüter nach Tempelhof geflogen, sondern auf dem Rückweg zahllose Berliner Kinder im Rahmen der »Operation Kinderlift« aus der blokkierten Spree-Metropole ausgeflogen, damit sie bei Familien in Westdeutschland ihre Ferien verleben konnten.

Welche Leistungen hier erbracht wurden, läßt die Tatsache erkennen, daß Mitte August 1948 täglich 4700 Tonnen, Mitte September aber schon 7000 Tonnen Versorgungsgüter nach Berlin gebracht wurden. Am 31. Dezember 1948 landete die 100000. Maschine in Tempelhof, und als die Luftbrücke nach 462 Tagen endlich eingestellt werden konnte, weil die Sowjets eingesehen hatten, daß ihre Maßnahmen die Stadt nicht erschüttern konnten, da waren auf annähernd 275000 Flügen rund zwei Millionen Tonnen Waren an die Spree transportiert worden. Zwei Drittel davon waren Kohlen für die Energieversorgung von West-Berlin.

Eine dieser C-47 flog dabei 327 Stunden und 40 Minuten ohne Unterbrechungen – von Starts und Landungen, dem Be- und Entladen und der Betankung abgesehen. Normalerweise hatte die C-47 eine Ladekapazität von drei, maximal von dreieinhalb Tonnen. Während der Blockade aber wurde eine C-47 mit der für eine britische Avro »York« bestimmten Frachtmenge von fast sechs Tonnen beladen. In der Eile, die herrschte, merkten die deutschen Arbeiter nicht, daß sie die »Drei« völlig überluden, und auch die Besatzung fand vor dem Start nichts Ungewöhnliches an der Ladung. Dann allerdings wunderten

Eine C-47 der amerikanischen Luftwaffe während der »Operation Vittles«, der Luftbrücke zur Versorgung von West-Berlin, im Anflug auf den Flughafen Tempelhof. Foto: Archiv Wölfer

sich die beiden Piloten, daß sich ihre Maschine nicht höher als 170 Meter ziehen ließ. Die C-47 torkelte förmlich an die Spree, und bei der Landung platzten prompt die Reifen.

Invasion und Berliner Luftbrücke waren sicherlich die größten Bewährungsproben für die C-47 in ihrer Rolle als Militärtransporter, doch als besonders zuverlässig erwies sich dieses Flugzeug auch sonst unter geradezu unmöglichen Bedingungen.

Als Zivilflugzeug war die DC-3 für 21 Passagiere ausgelegt – 14 Passagiere saßen jeweils zu zweit an der einen Seite des Rumpfes, sieben weitere in Einzelsitzen an der anderen. Die große Kunst im Luftverkehr besteht nun darin, bei gleichen – besser noch geringeren – Kosten den Sitzladefaktor zu erhöhen. Bis zu einem gewissen Punkt ist das relativ einfach: Man verkürzt die Sitzbreite, dann bekommt man dort, wo bisher nur drei Stühle Platz hatten, einen vierten in jede Reihe. Natürlich wird auch der bis dahin großdimensionierte Gang – Fachleute sprechen vom »aisle« – etwas schmaler. Schon kann man – immer vorausgesetzt, daß es keine Probleme im Verhältnis Nutzlast zu Abfluggewicht gibt – in der DC-3 28 Passagiere befördern. Verringert man nun noch den Abstand zwischen den einzelnen Sitzreihen, dann paßt noch eine Sitzreihe mehr in den Rumpf – und nun können 32 »Paxe« befördert werden.

Zugegeben: Die Leute mit den langen Beinen saßen nun nicht mehr ganz so bequem wie zuvor, aber erfreulicherweise gibt es viel mehr Menschen mit kurzen Beinen. Und die fühlten sich auf den geschmälerten, verkürzten DC-3-Sitzen immer noch pudelwohl. Nun brauchte man für diese DC-3, die bei weitem nicht mehr den Ursprungskomfort aufwiesen, nur noch einen zündenden Namen, dann konnte man damit sogar entsprechend werben. So nannte die englsiche BEA – heute: British Airways – diese 32sitzer »Pionair Class«, wurde aber noch von anderen Gesellschaften übertroffen, die es schafften, sogar 40 Fluggäste in der DC-3 unterzubringen. British European Airways besaßen noch 1952 – also 16 Jahre, nachdem der Typ in den USA den Liniendienst aufgenommen hatte – eine Flotte von 50 DC-3, von denen 38 im Passagierverkehr eingesetzt waren, die restlichen zwölf flogen Fracht. Gerechterweise muß übrigens gesagt werden, daß es Flugreisende gab, die meinten, in einer 32sitzigen DC-3 von BEA bequemer gesessen zu haben als 20 Jahre später in einem 480sitzigen B-747 »Jumbo« auf dem Flug von Frankfurt nach Bangkok. Vielleicht hätte man es mal nachmessen müssen.

Fest steht jedenfalls, daß die 50 Personen, die Australiens Fluggesellschaft Quantas auf ihren Flügen nach Neuguinea in der DC-3 unterbrachte, nur deshalb nicht zu stehen brauchten, weil sie einmal körperlich nicht zu groß waren, ihre »Sitze« andererseits aus ganz gewöhnlichem Segeltuch bestanden.

Eine Kostprobe, was alles in einer DC-3 unterzubringen war, hatte schon im Sommer 1942 Captain Charles L. Sharp aus Fort Worth/Texas geliefert. Er beförderte mit seiner DC-3 der China National Airways Corporation (CNAC) nicht weniger als 75 Personen. In diesem letzten Passagierflugzeug, das in Burma starten konnte, bevor die Japaner einrückten, saßen neben 53 Erwachsenen 22 Kinder. Wobei der Begriff »sitzen« hier nicht ganz recht am Platze ist; denn abgesehen davon, daß einige der »Fluggäste« in den Gepäckräumen hockten oder lagen, standen 14 während des Fluges im Mittelgang. Einer der Passagiere, die sich zu dritt zwei Plätze teilten, nachdem alle Armlehnen entfernt worden waren, war ein völlig erschöpfter Oberstleutnant namens James H. Doolittle. Der hatte nichts mit dem Musical »My Fair Lady« zu tun, das erst viel später ein Riesenerfolg werden sollte, sondern war mit seinem B-26-Bomber von einem Flugzeugträger vor der japanischen Küste gestartet und hatte den ersten Luftangriff auf Tokio geführt. Auf dem Rückflug mußte er in China notlanden und erreichte von dort aus mit Hilfe der chinesischen Untergrundbewegung Burma.

Auch die 93 Menschen, die zusammen mit der aus drei Mann bestehenden Besatzung ein überflutetes Dorf in Bolivien verließen, legten auf Komfort keinen Wert. Ihnen ging es nur darum, so schnell wie möglich aus ihrem unwirtlich gewordenen Heimatort wegzukommen. Unter dieser »Rekordladung« waren übrigens auch viele Kinder, sonst wäre die gute, alte »Drei« in diesem Fall wohl nicht vom Boden hochgekommen.

Auf Komfort verzichten mußte auch ein junger Mexikaner, der sich zu Beginn der 50er Jahre in Torreón am Leitwerk einer DC-3 befand, als diese plötzlich anzurollen begann. In höchster Angst klammerte er sich am Leitwerk fest, und dort wurde er schließlich bemerkt. Drei Stunden lang mußte er sich gut festhalten, dann landete die Maschine in Mexiko City. Dort konnte der unfreiwillige »Passagier« aussteigen – oder vielleicht sollte man richtigerweise sagen: absteigen.

Die DC-3/C-47 war zwar ein gutmütiges Flugzeug und ließ eine Menge über sich ergehen, aber unverwundbar war sie natürlich nicht. Viele Abstürze, über die in den 50er und 60er Jahren in der Weltpresse berichtet wurde, ereigneten sich durch »Bergberührung«. Die Erklärung dafür ist relativ einfach: Die »Drei« besaß keine Druckkabine, flog also in Höhen, in denen die Passagiere hinsichtlich des Außendrucks und der Sauerstoffversorgung keinerlei Unpäßlichkeiten ausgesetzt waren. So war für die Maschine die Gefahr, einen Berg zu »schrammen« natürlich erheblich größer als für die Maschinen unserer Tage, deren Druckkabinen es möglich macht, ein paar tausend Meter höher zu fliegen.

Ein typisches Beispiel für einen solchen Absturz am Berg ist der Unfall einer C-47 der amerikanischen Luftstreitkräfte im Januar 1966. Am 15. Januar meldeten die Nachrichtendienste dpa-ap-upi: »Nach fast 24stündiger fieberhafter Suche wurde gestern in

Süd-Griechenland das Wrack eines vermißten amerikanischen Militär-Flugzeuges gefunden. Die Maschine vom Typ C-47 befand sich auf einem Flug von Izmir in der Türkei nach Neapel. Sämtliche zehn Insassen – außer der vierköpfigen Besatzung waren sechs Fluggäste an Bord – kamen bei dem Absturz ums Leben. Das Flugzeugwrack wurde von Suchflugzeugen unterhalb des 2200 Meter hohen Helmos-Berges in der Nähe des Klosters Klavaryta auf der Peloponnes-Halbinsel entdeckt. Die Absturzursache ist noch unbekannt.«

Zwei Tage später meldete das HAMBURGER ABENDBLATT: »Vier US-Flieger überlebten Absturz«. Nach dem Bericht von Captain Thomas D. Smith, dem Offizier, dem die Überlebenden ihre Rettung zu verdanken hatten, war der Absturz im Nebel Folge einer Bergberührung. Die rechte Tragfläche hatte einen Felsen gestreift, die Maschine war daraufhin abgestürzt.

Dennoch führte eine Bergberührung keineswegs in jedem Fall zum Absturz einer DC-3/C-47. Diese Erfahrung machten Besatzung und Passagiere einer Maschine von Frontier Airlines. Sie wude 1957 in einer Turbolenz-Zone 1200 Meter tief heruntergedrückt und rammte dabei mit der Spitze des linken Flügels einen Felsen. Fast vier Meter der Backbord-Tragfläche wurden abgerissen; dennoch konnte die DC-3 sicher gelandet werden.

In England landete eine »Dakota« auf dem Dach einer Fabrik, ohne dabei größere Schäden anzurichten. In den USA landete eine C-47 der USAAF sogar ohne Besatzung. Als der Pilot nämlich feststellte, daß der Treibstoff zu Ende ging und seine Maschine einen Flugplatz nicht mehr erreichen würde, befahl er seiner Besatzung mit dem Fallschirm abzuspringen und »jumpte« schließlich hinterher. Die C-47 flog führerlos weiter, machte mit stehenden Propellern eine erstklassige Notlandung auf einem Feld und konnte wenig später wieder in Dienst gestellt werden.

Verzweifelt war der zivile Besitzer einer DC-3, die in den 50er Jahren eine erstklassige Außenlandung auf dem schon dünnen Eis eines Sees in Ontario/ Kanada gemacht hatte. Zwar konnte die Besatzung aussteigen und trockenen Fußes das Ufer erreichen, doch dann brach das Eis, und die Maschine versank im nicht sehr tiefen Wasser.

Was sollte der Besitzer machen?

Als ihm ein anderer Kanadier anbot, das – sicherlich nur noch als Schrott verwendbare – Flugzeug zu kaufen, sagte er kurzentschlossen: »Okay, Sie können das Ding haben!« und zog glückstrahlend mit den paar Dollar ab, die er für sein »Strandgut« bekommen hatte. Mochte der neue Besitzer sehen, wie er sein Flugzeug aus dem Wasser herausbekam. Der ließ keine überflüssige Zeit verstreichen. Die DC-3 wurde umgehend geborgen, getrocknet, dann wurden die Motoren gestartet – sie liefen. Wenig später flog das »Tauchflugzeug« wieder, und der Vorbesitzer soll ob dieses »Schrotthaufens«, den er verschenkt hatte, ein ziemlich dummes Gesicht gemacht haben.

In den letzten Jahren machten immer wieder die Motoren Schwierigkeiten, und so mancher Absturz ist auf diese Ursache zurückzuführen. Eines der prominentesten Opfer war der amerikanische Schlagersänger Ricky Nelson (»Hello Mary Lou«), der mit seiner Freundin und seiner Band zu einem Silvester-Konzert am 31. Dezember 1985 für den Flug nach Dallas/Texas eine DC-3 gechartert hatte. Die Maschine geriet während des Fluges von Alabama nach Texas in Brand und stürzte beim Versuch einer Notlandung auf einer Straße ab. Nur der Pilot und ein weiteres Mitglied der Besatzung überlebten das Unglück – allerdings mit schweren Brandverletzungen.

CL
MÜNCHEN-RIEM

Der Nachkriegs-Luftverkehr beginnt mit der DC-3

Viele Luftverkehrs-Gesellschaften, die sich heute rühmen, modernste Jets mit einem geringen Durchschnittsalter in ihren Flotten zu haben, begannen in den späten 40er und frühen 50er Jahren zumindest im Kurzstrecken-Bereich mit der DC-3. Konnten diese aus »Surplus«-Beständen stammenden C-47, die für den Einsatz als Passagier-Flugzeuge eingerichtet worden waren, nach einigen Jahren durch CV.240/340 oder andere, modernere Typen ersetzt werden, dann waren die »Gooney Birds« als Nurfrachter immer noch gewinnbringend einzusetzen.

Da war die deutsche Lufthansa bei Aufnahme ihres Flugbetriebes am 1. April 1955 neben Convair CV.340/440 »Metropolitan« auch Besitzer von drei DC-3. Sie flogen auf kleineren Strecken ab Herbst 1955, wobei die dritte als Schulmaschine für die Umschulung der neueingestellten Flugzeugführer diente, die oft von der ehemaligen Luftwaffe kamen. Zu den Piloten, die seinerzeit auf dem linken Sitz der DC-3 Platz nehmen durften, gehörte der spätere Chefpilot der Lufthansa, Rudolf Mayr, ebenso wie der Mann, der zusammen mit Mayr die erste Boeing 707 nach Hamburg brachte: Flugkapitän Werner Utter, als Chefpilot später im Vorstand der LH.

Rudolf Mayr war einst, vor dem Zweiten Weltkrieg, Südatlantikflieger der Lufthansa gewesen und hatte im Krieg als Pilot des Fernerkunders und -bombers Focke-Wulf Fw200 das Ritterkreuz zum Eisernen Kreuz erhalten. Ihm war die DC-3 nicht unbekannt, denn auch diesen Typ hatte er geflogen, als die Lufthansa »Beute-Maschinen« dieses Musters während des Krieges einsetzte.

Ab November 1956 kam auch die dritte LH-DC-3 im Liniendienst zum Einsatz und beflog die Strecke Hamburg–Düsseldorf–München; und sie landeten alle drei auch in Frankfurt und Stuttgart. Ab Frühjahr 1959 wurden diese ehemaligen C-47 dann als Nurfrachter verwendet. Zwei von ihnen flogen von 1960 bis 1967 weiterhin mit ihren alten Zulassungen, nun aber unter einer neuen Flagge, nämlich bei der Münchner Fluggesellschaft Bavaria.

Noch einmal aber – im Frühjahr 1963 – war auf den Flughäfen Stuttgart und Frankfurt eine DC-3 in den Farben der Lufthansa zu sehen. Damals wurde in Stuttgart die Landebahn des Flughafens eingehenden Erneuerungsarbeiten unterzogen, und für die größeren Maschinen gab es wegen der kurzen Bahn, die blieb, keine Möglichkeit in der Neckar-Metropole zu landen oder zu starten.

Also besann man sich in der Zentrale der Lufthansa einer holländischen Bedarfs-Fluggesellschaft, die heute längst eine Flotte von Langstrecken-Jets besitzt, damals aber nur einige kleine Flugzeuge hatte, darunter eine DC-3 und eine kleine viermotorige De Havilland »Heron«. Beide Maschinen wurden solange gechartert, bis die Lufthansa wieder mit ihren größeren Maschinen »Flagge« zeigen konnte. Da konnte man also die DC-3 mit dem – alten – Logo der Lufthansa und einer holländischen Zulassung

Auf dem Vorfeld des Flughafens München-Riem wird die Fracht einer DC-3 der niederländischen Fluggesellschaft KLM durch Zuwerfen ausgeladen. Vom Container wußte man noch nichts…
Foto: Flughafen München

Zahlreiche DC-3/C-47 wurden in den 40er und 50er Jahren zu »Executive«-Flugzeugen umgebaut. Hier steht eine solche Maschine, die 1,50 Meter breite »Panorama«-Fenster und höchst komfortable Sessel für elf Passagiere erhalten hat. Natürlich gab es auch eine Bar und weitere Annehmlichkeiten an Bord. Das Flugzeug wurde für die amerikanische Rundfunkgesellschaft Columbia Broadcasting System (CBS) umgebaut und später an die holländische Gesellschaft Schreiner Aerocontractors N.V. verkauf. Foto: Archiv Wölfer

neben DC-3 von Pan American World Airways in Stuttgart oder Frankfurt stehen sehen. Die amerikanischen Fluggesellschaften hatte eigens einige ihrer alten DC-3 nach Deutschland geholt, um sie ebenfalls im Flugverkehr zwischen Frankfurt/Main und der Neckar-Metropole einzusetzen, solange die großen Jets dort nicht landen konnten. Als »Clipperle« – die typisch schwäbische Verniedlichungsform – sorgten sie dafür, daß Pan Am in Stuttgart Passagiere aufnehmen konnte, solange die »Clipper« dort nicht in Erscheinung treten konnten.

Eine große Flotte von DC-3 beziehungsweise C-47 besaß die holländische KLM nach dem Krieg. Noch 1961 waren bei ihr neun dieser so bewährten zweimotorigen Maschinen im Einsatz, die dann überwiegend – wie schon zahlreiche andere holländische DC-3 zuvor – an die indonesische Gesellschaft Garuda verkauft wurden. Dort hatte dieses Muster ja schon vor dem Krieg – damals noch als modernes Großflugzeug angesehen – seine Bewährungsprobe bestanden.

Insgesamt wurden nach 1945 nicht weniger als 59 DC-3/C-47 bei KLM geflogen. Sie fanden neue Besitzer in Indonesien, aber auch in Indien und Pakistan, in Süd- und Mittelamerika sowie bei einigen Privatfirmen und bei der französischen Regional-Gesellschaft Aigle Azur.

52 ehemalige C-47 setzten British European Airways nach dem Krieg ein. Fünf holländische DC-3 aus dem Besitz von KLM, denen beim Einmarsch der Deutschen in die Niederlande die Flucht über den Kanal geglückt war, waren übrigens die ersten Maschinen dieses Typs im britischen Register. Mit Tarnanstrich versehen, wurden sie im Liniendienst zwischen Witchurch und Lissabon verwendet, geflogen von ihren holländischen Besatzungen, mit brititschen Zivilregister und verwendet von der British Overseas Airways Corporation (BOAC).

Einen recht gemütlichen Eindruck macht diese Versammlung von Maschinen der Typen Douglas DC-3 und DC-4/6 von SAS 1946 auf dem Flughafen Kastrup bei Kopenhagen.
Foto: SAS

Diese sogenannten »Shuttle«-Flüge waren alles andere als ungefährlich. Das neutrale Portugal mit seiner Hauptstadt Lissabon galt im Zweiten Weltkrieg als eine Drehscheibe für Agenten der verschiedenen kriegführenden Mächte und war überdies für viele verfolgte Menschen die letzte Möglichkeit, an Bord eines Schiffes oder eines Flugzeuges Europa zu verlassen. Bekanntlich setzten auch die USA Flugzeuge – »Clipper«-Flugboote von Pan Am – ein, die Lissabon über verschiedene Zwischenstationen mit New York verbanden. Und natürlich beflog auch die Lufthansa die Strecke Berlin–Lissabon.

So ist es nicht verwunderlich, daß von den fünf holländischen DC-3, die nach England entkommen konnten, nur zwei den Krieg überstanden. Unter den Verlusten war auch die erste DC-3, die im September 1936 nach Europa gekommen und bei Fokker montiert worden war. Die PH-ALI mit dem Taufnamen »Ibis« flog bei BOAC ab 25. Juli 1940 mit der Zulassung G-AGBB und wurde am 1. Juni 1943 über

der Biskaya von einer deutschen Ju88 abgeschossen. Dabei kamen alle 17 Menschen an Bord der DC-3 ums Leben.
Die beiden DC-3 der KLM, die den Krieg überstanden und an KLM zurückgegeben wurden, kamen im August 1946 zurück nach England und wurden – zusammen mit einer dritten KLM-Maschine – bei der britischen Bedarfs-Fluggesellschaft Skyways Ltd. verwendet. BOAC erhielt im März 1943 die erste Direktlieferung aus Santa Monica
Im Rahmen des »Land-Lease«-Programmes zwischen den USA und Großbritannien bekam die britische Royal Air Force eine größere Zahl von Maschinen des Typs C-47. Sie erhielten bei der RAF die Bezeichnung »Dakota 1«, und von ihnen wurden dem Kriegsflugdienst von BOAC zunächst sechs Maschinen zugeteilt. Sie wurden Ende 1943 in ihren Leistungen verbessert und bekamen an Stelle der 12-Volt-Stromversorgung eine solche von 24 Volt. Ihre Bezeichnung lautete nun C-47A »Dakota 3«. Insgesamt erhielt die BOAC 30 solcher Maschinen, dazu kamen ab 1944 noch 23 C-47B »Dakota 4«, die mit »Twin Wasp«-Motoren (R1830–90C) ausgerüstet waren. Sie hatten einen zweistufigen Kompressor und große Luftfilter. Diese Ausführung konnte auf den Routen nach Afrika und Nahost eingesetzt werden. Später flogen die »Dakota 4« auch auf europäischen Strecken des immer größer werdenden BOAC-Netzes.
Einige dieser »Dakota 3/4« gehörten dann zur Erstausstattung von British European Airways, die mit ihnen noch bis Ende der 50er Jahre flog. Beeindruckend war die Abschiedsvorstellung, die die letzte dieser »Dakotas« gab: Mit zwölf Passagieren an Bord flog sie von London nach Birmingham. Unter ihnen war der damalige Präsident von BEA, Lord Douglas of Kirtleside. Bei der Landung in Birmingham raste die Maschine in dichtem Nebel über die Landebahn hinaus, durchbrach schließlich einen Zaun und blieb schrottreif liegen. Die Teilnehmer dieses denkwürdigen Abschiedsfluges konnten bleich, aber unverletzt aus der DC-3 klettern. Den BEA-Präsidenten dürfte dabei die Bruchlandung der Maschine am wenigsten beeindruckt haben. Als Sir Sholto Douglas war er zuvor General der RAF und hatte schon im Ersten Weltkrieg seine Karriere als Kampfflieger begonnen.
Die Österreichische Fluggesellschaft AUA setzte in den 60er Jahren drei DC-3 ein, zunächst im Passagier-Flugverkehr, dann nur noch für Frachtflüge. In beiden Einsatzformen erwies sich der Typ als wirtschaftlich und zuverlässig. Im Passagier-Flugverkehr kamen sie auf den Strecken Wien–Graz–Klagenfurt, Wien–Salzburg–Innsbruck und Innsbruck–Zürich zum Einsatz. In einem Pressedienst der AUA aus dem Jahre 1963 wird die Frage »Warum DC-3 für Österreich?« folgendermaßen beantwortet: »Die besondere Lage der österreichischen Alpenflughäfen sowie die meteorologischen Verhältnisse

DC-3 HB-IRA 1948 vor dem Betanken auf dem Flughafen Düsseldorf. Diese Maschine war 1937 zusammen mit der HB-IRI zur Swissair als erste DC-3 gekommen. Beide Maschinen wurden 1955 an Ozark Airlines/USA verkauf.
Foto: Archiv Flughafen Düsseldorf

Die OE-LBD »Enzian« war eine der drei DC-3, die bei Austrian Airlines (AUA) zunächst im Passagierflugverkehr und dann als Frachter eingesetzt wurden. Hier gehen 1963 Passagiere und ihr Gepäck an Bord. Rechts neben der Tür sind die Embleme der IX. Olympischen Winterspiele von Innsbruck zu sehen. Foto: AUA

erfordern für den Einsatz im Liniendienst einen Flugzeugtyp mit möglichst geringer Landegeschwindigkeit, möglichst kurzen Start- und Landestrecken, gutem Stehvermögen und leichter Manövrierbarkeit. Im Hinblick auf die Wirtschaftlichkeit des Betriebes ist weiters ein optimales Verhältnis zwischen Betriebskosten und Beförderungskapazität (entsprechend dem zu erwartenden Verkaufsaufkommen) erforderlich. Die DC-3 erfüllt alle diese Erfordernisse in idealer Weise und wird dabei von keinem anderen zur Zeit verfügbaren Maschinentyp übertroffen. Schließlich war bei der Beschaffung von Fluggerät für den Binnenflugverkehr in Österreich zu berücksichtigen, daß die Beschaffungskosten im Rahmen der finanziellen Möglichkeiten liegen mußten.«

Und das ist der Punkt, der vielen kleinen Fluggesellschaften noch bis in die 70er Jahre zu schaffen machte. Bekam man eine guterhaltene und voll flugfähige DC-3/C-47 damals noch für 180000 bis 200000 Mark, so mußte man für ein – in seinen Transportleistungen vergleichbares – »Nachfolgermodell« bis zu zehn Mal soviel und noch mehr hinblättern. Daran hat sich heute allenfalls in sofern etwas geändert, als es guterhaltene, wirtschaftlich einsetzbare DC-3/C-47 kaum noch zu kaufen gibt. Daran mag auch die Tatsache wenig ändern, daß unlängst ein Umbau unter dem Namen Basler Turbo 67 vorgestellt wurde, bei dem es sich um ehemalige DC-3/C-47 handelt, die an Stelle der altbewährten Sternmotoren PTG A–67 R-Propellerturbinen tragen. Neben strukturellen Veränderungen an Zelle und Flügeln ist der Rumpf dieser in Oshkosh/USA von der Firma Basler Turbo Conversions modifizierten Maschinen um rund einen Meter länger als beim Original. Bisher sollen so zwölf Maschinen modifiziert worden sein, aber an eine Wiederbelebung alter DC-3 in großer Zahl mit neuen Triebwerken dürfte kaum zu denken sein.

Die DC-3 SX-BAG von Olympic Airways. Die griechische Gesellschaft begann am 6. April 1957 mit 14 Maschinen dieses Typs und einer DC-4 den Flugbetrieb, nachdem der Großreeder Aristoteles Onassis die Geschäftsanteile des Vorgänger-Unternehmens übernommen hatte.
Foto: Olympic Airways

Immerhin sollte nicht unerwähnt bleiben, daß der »Civil Aeronautics Board« (CAB) der USA schon 1942 erklärte, die DC-3/C-47 sollte nach 1947 kein Lufttüchtigkeitszeugnis mehr erhalten. Dann jedoch wurde der endgültige Zeitpunkt bis 1953 mehrfach verschoben, und schließlich erklärte man die »Drei« für unbeschränkt flugtüchtig.
Wie berechtigt das ist, zeigt die Tatsache, daß immer noch – und in allen Teilen der Welt – zahllose DC-3/C-47 Tag für Tag im Einsatz sind. Für Nostalgieflüge ebenso, wie als »Arbeitspferde der Luft«. Hieß es einmal in der VW-Werbung für den Käfer »läuft und läuft und läuft...« so kann man für die »Drei« sagen: »fliegt und fliegt und fliegt...«
Beispiele dafür gibt es reichlich. So erwarb die damalige North Central Airlines 1959 zwei DC-3, die zuvor bei Eastern Airlines 50000 Flugstunden absolviert hatten. Die beiden Maschinen flogen noch einige Jahre zuverlässig weiter.
Provincetown-Boston Airlines mit Sitz in Naples hatten noch 1982 neben zwei anderen eine DC-3 im Dienst, die 85250 Flugstunden im Logbuch hatte. Dieses Flugzeug wurde am 25. Oktober 1937 aus der Fabrikhalle gerollt und an Eastern Airlines geliefert. Die flog die Maschine bis 1942, verkaufte sie in jenem Jahr an die amerikanische Regierung und erwarb die DC-3 zwei Jahre später zurück. Nach weiteren neun Jahren im Liniendienst wurde die Maschine an Trans-Texas Airways verkauft. Diese Gesellschaft, die später zu Texas International Airlines wurde, verkaufte die »Drei« an einen Makler in Texas, und der wiederum verkaufte sie an Provincetown-Boston Airlines.
Eine andere DC-3, die ursprünglich an Eastern Airlines geliefert worden war, hatte – nun im Dienst von North Central Airlines – bereits am 15. August 1964 exakt 81535 Flugstunden hinter sich gebracht und war dabei mehr als zwölf Millionen Meilen geflogen.

Betankung der DC-3 »RMA John Stringfellow« auf dem Hamburger Flughafen um 1952. Die Maschine mit der Zulassung G-AJGZ gehörte zu einer Flotte von 50 DC-3, die British European Airways in den 50er Jahren einsetzte. Die 36 Passagiermaschinen wurden als »Pionair Class« bezeichnet. Hinten ist eine Vickers »Viking« von BEA zu sehen. Dieser Typ galt als eines der Nachfolgemuster der DC-3 bei BEA und den Tochtergesellschaften.
Foto: Archiv Wölfer

Anfang der 50er Jahre wurden zwei DC-3 aus der Flotte von British European Airways – die G-AMDB (Foto) und die G-ALXN – mit Propellerturbinen des Musters Rolls Royce »Dart« ausgerüstet. BEA untersuchte mit diesen »Express Air Freighter«-Maschinen jene Triebwerke, die dann in der viermotorigen Vickers »Viscount« zum Einsatz kamen.
Foto: British Airways

Eine Douglas DC-3 von British West Indies Airways zusammen mit einer Vikkers »Viking« derselben Gesellschaft Anfang der 50er Jahre auf dem Flughafen von Trinidad.
Foto: British Airways

Als die Boeing 707 »Clipper« nicht in Stuttgart landen konnten, weil Arbeiten an der Startbahn ausgeführt wurden, entsann man sich auch bei Pan American wieder der bewährten DC-3 und ließ sie als »Clipperle« zwischen Frankfurt und Stuttgart pendeln.
Foto: Wegemann

Gepäckverladung in die G-AGKC von British Overseas Airways Corporation.
Foto: British Airways

Hätte sie diese Leistung während eines einzigen Fluges erbracht, wäre sie mehr als neun Jahre lang in der Luft geblieben. Die Zahl der zurückgelegten Flug-Meilen entsprach 480 Flügen rund um den Äquator oder 12 Flügen zum Mond und zurück.

Während ihrer vielen Jahre im Luftverkehr hatte diese DC-3 550 neue Reifen erhalten, war mit rund 25000 neuen Zündkerzen ausgerüstet worden und hatte 68 Paar Triebwerke »verbraucht«. Rund 35 Millionen Liter Treibstoff hatten dafür gesorgt, daß die Motoren liefen.

Bei Swissair wurde die letzte DC-3 am 31. März 1964 aus dem Liniendienst gezogen – immerhin war dieser Typ in Form von zehn Exemplaren dort 27 Jahre lang verwendet worden. Danach flogen die drei Maschinen noch im Pilotentraining bei der Schweizerischen Luftverkehrsschule (SLS), bis – genau acht Jahre später – die letzte dieser altgedienten Maschinen nach einer »Seereise« von Bekkenried nach Luzern Aufstellung im Freigelände des Verkehrshauses fand – des Museums, in dem die Schweizer die Zeugnisse ihrer Verkehrsentwicklung zeigen. Diese DC-3 – ehemals eine C-47B – wurde von der Swissair 1947 bei Douglas Aircraft Corp. in Santa Monica zusammen mit drei anderen erworben. Für die HB-IRN wurden damals 283000 Schweizer Franken bezahlt. Fast doppelt so teuer waren zwei neu von Douglas ein Jahr zuvor erworbene neue DC-3. Sie mußten mit jeweils 550000 Franken bezahlt werden.

Mitte der 50er Jahre wandte man sich von Seiten der Firma Douglas Aircraft Corporation an die verschiedenen amerikanischen Benutzer der »Drei«, um zu hören, bei welchen besonderen Einsätzen dieses Muster verwendet worden sei.

Eastern meldete, eine ihrer DC-3 sei die erste Maschine gewesen, die auf dem Washington National Airport nach dessen Eröffnung landete. Bei Uni-

ted war man stolz darauf, vermelden zu können, daß eine ihrer DC-3 die ersten Fernsehsignale im Flug erhalten habe. Von New York ausgestrahlt, wurden sie empfangen, als die United-Maschine über Washington flog. Pan Am meldeten, daß eines ihrer Flugzeuge als erster fliegender Sendesaal für eine Rundfunkansprache des damaligen Präsidenten von Peru an seine Landsleute gedient habe. Braniff hatte eine Studentin per DC-3 von Dallas nach San Antonio zu fliegen, wo ihr ein schon wartender HNO-Facharzt eine Gräte aus dem Hals holte. Chicago & Southern Airlines flog gar ein krankes Rotkehlchen von Chicago aus mit einer DC-3 nach New Orleans, wo es von einem Tierarzt, der Vogelliebhaber war, gesund gepflegt wurde.

Mohawk Airlines – längst in der großen Zahl amerikanischer Fluggesellschaften Geschichte geworden – führten zwischen 1960 und 1962 einen »Gaslight Service« mit ihren DC-3 durch. Das Innere der

Lufthansa setzte drei DC-3 ab 1955 ein, die aus amerikanischen Luftwaffenbeständen stammten. Hier die D-CADE in LH-Farben... Foto: Lufthansa

Kabine war im Stil der 90er Jahre des vorigen Jahrhunderts dekoriert, die Sitze trugen Sesselschoner, neben die Kabinentür waren außen auf den Rumpf zwei typische Gaslaternen jener Zeit gemalt, und die Stewardessen erwarteten ihre Fluggäste im langen Rock mit Korsage und schwarzen langen Handschuhen sowie einem Federhütchen an Bord. Sie servierten Frei-Bier, Käse und Brezeln während des Fluges.

Hawaiian Airlines ließen einige ihrer DC-3 mit zwei großen Panorama-Fenstern versehen, die mehr als doppelt so breit waren wie die normalen Fenster. Auf diese Weise konnten die Passagiere die ganze Schönheit der Inseln während des Fluges überblicken.

In den späten 50er und frühen 60er Jahren setzten Continental Airlines ihre letzten DC-3 auf einer »Shuttle«-Route – einem frühen »Airbus«-Verkehr also – zwischen Denver und Colorado Springs ein. Natürlich wurden die längeren Strecken von Continental zu dieser Zeit längst mit vierstrahligen Douglas DC-8 beflogen, und mancher der DC-8-Kapitäne mag sich daran erinnert haben, wie er im Cockpit der »Drei« gesessen hatte.

American Airlines begannen mit der DC-3 am 20. August 1943 den ersten Nurfracht-Dienst über den amerikanischen Kontinent. Die erste Maschine dieses Dienstes war noch mit Sitzen ausgerüstet, als Fracht und Post in sie verladen wurden. Gut vier Jahre lang flogen dann reine Frachtmaschinen im Liniennetz von American Airlines, bevor sie durch DC-4-Frachter ersetzt wurden.

Fracht flog übrigens auch jene DC-3 der britischen Norton Air Services, die am 16. Janaur 1965 erstmals von London kommend, in Düsseldorf landete. Sie brachte britische Zeitungen zum Kontinent, und niemand hätte von ihr sonderlich Notiz genommen, wäre der Pilot ein Mann gewesen. Doch es war eine

...und dieselbe Maschine im Dienst der Fluggesellschaft Bavaria auf dem Flughafen München-Riem. Foto: Flughafen München

BAVARIA
D-CADE

Frau: Flugkapitän Yvonne Pope, die Witwe eines Piloten, steuerte die Maschine, und sie hatte zu diesem Zeitpunkt immerhin schon 2400 Flugstunden im Logbuch. Die begeisterte Fliegerin, die zuvor auch schon Erfahrungen im Tower als Fluglotsin gesammelt hatte, war in der folgenden Zeit häufig mit ihrer zuverlässigen Maschine in Düsseldorf zu sehen.

1968 – über 30 Jahre, nachdem die DC-3 den Linienflugverkehr aufgenommen hatte – waren noch immer rund 1000 Maschinen dieses Musters im Einsatz. Eine von ihnen geriet in die Schlagzeilen der Weltpresse, nachdem der Pilot über Funk mitgeteilt hatte: »Bei mir im Cockpit befindet sich ein Mann mit einer Pistole. Ich bin auf dem Weg nach Kuba!« Eigentlich sollte die »Drei« der Southeast Airlines, die in Marathon, 160 Kilometer südlich Miami gestartet war, auf die vor der Küste Floridas liegende Insel Key West fliegen.

Die »Drei« mit der »Starfighter-Nase«

Linke Seite außen: Als erstes Flugzeug von Cathay Pacific Airways flog die DC-3 VR-HDB »Betsy« 28 Passagiere oder Fracht, nachdem sie als C-47 treu und brav militärische Ausrüstungsgüter und Soldaten in China und Burma befördert hatte. Das Flugzeug wird noch heute als lebendiger Traditionsbeweis der Fluggesellschaft mit Sitz in Hongkong flugfähig gehalten.
Foto: Cathay Pacific

Linke Seite innen: Captain Roy Farrell, einer der Mitbegründer von Cathay Pacific Airways, Hongkong, winkt im August 1946 vor dem Start von Sydney nach Shanghai aus dem Cockpit Reportern zu. Die C-47 NC 58093 wurde zur zivilen DC-3 umgerüstet und als VR-HDB mit dem Taufnamen »Betsy« erstes Flugzeug des jungen Unternehmens.
Foto: Cathay Pacifics

So lernten die Piloten der neuen Deutschen Lufthansa die Douglas DC-3 kennen. Blick in das nach heutigen Maßstäben geradezu spartanisch ausgestattete DC-3-Cockpit, in dem auch der spätere Chefpilot und LH-Vorstand, Werner Utter, seine fliegerische Nachkriegslaufbahn begann.
Foto: Lufthansa

Am 18. Mai 1963 glaubte ein junger Holländer seinen Augen nicht mehr trauen zu dürfen. Über ihm brummte eine C-47 dahin, die mit der Nase einer Lockheed F-104 »Starfighter« versehen worden war. Die Rumpfunterseite war blaugrau, die Oberseite weiß, durchbrochen von einem breiten, orangeroten Band. Und orangerot war auch das Seitenleitwerk dieser Maschine mit dem Eisernen Kreuz der Bundesluftwaffe und dem Kennzeichen XA+117 an beiden Seiten des Rumpfes.

Was da über Holland herumflog und schließlich in Richtung Bundesrepublik Deutschland verschwand, war indes kein Phantom, sondern die erste von der Lockheed Aircraft Division umgerüstete C-47 mit der gesamten Cockpit-Einrichtung einer F-104 G. In dem rund 2,5 Meter langen Radom hatte die gesamte Avionik des »Starfighters« Platz, in dem – allerdings schon bald wieder ausgebauten – Gehäuse über dem Cockpit auch noch das Infrarotvisier des Feuerleitsystems. Diese XA+117 in den auffälligen Farben, die bald durch die üblichen Tarnfarben der Bundesluftwaffe ersetzt wurden, war übrigens die einzige C-53, die bei der Bundesluftwaffe zum Einsatz kam. Sie trug während der Erprobung bei Lockheed und beim Überführungsflug nach Deutschland das Kennzeichen N 18565. Insgesamt sind seinerzeit fünf solcher Maschinen als NASARR-Trainer bei der Luftwaffe zum Einsatz gekommen, drei weitere fanden in Belgien Verwendung. Den Umbau der belgischen Maschinen hat seinerzeit übrigens der Hamburger Flugzeugbau – heute MBB Hamburg-Finkenwerder – vorgenommen.

Die Zeit der C-47 und ihrer Varianten bei den großen Luftstreitkräften in aller Welt ist vorüber – sieht man von den kleinen Ländern in Süd- und Mittelamerika sowie Schwarz-Afrika ab. Noch 1978, gab es indessen allein bei europäischen Luftstreitkräften weit über als 100 C-47, dazu kamen mehr als 100 sowjetische Lizenzbauten des Typs Li-2, kamen auch C-47, die bei der Besetzung Süd-Vietnams durch die Nord-Vietnamesen erbeutet wurden. Und sogar über »Gunships« dürften die Streitkräfte Nord-Vietnams verfügt haben, nachdem ihnen solche Maschinen in die Hände gefallen waren. Die Amerikaner hatten die C-47 mit seitlich schießenden Maschinenwaffen für den Dschungelkrieg ausgestattet und somit diesen Flugzeugtyp zu einem Kampfflugzeug werden lassen. Das aber hatte Donald W. Douglas keineswegs gewollt, als er die ersten Zeichnungen für das neue Verkehrsflugzeug zu Papier brachte.

Bei der Bundesluftwaffe flogen die C-47 mit der »Starfighter-Nase« auch nach Ausbau der NASARR-Ausrüstung weiter. Und noch heute wird dieser Typ zum Beispiel bei der Anglo-American Corporation für geologische Aufgaben verwendet; denn in der 2,5 Meter langen Radom-Nase haben die dafür benötigten Radar- und Sonargeräte bequem Platz. Heute sind bei den Luftstreitkräften der Welt rd. 380 C-47/Li-2 im Einsatz. Über die größten Flotten verfügen die Türkei (über 40 C-47), Südafrika

Etwas eigenartig sieht die C-47 mit der »Starfighter«-Nase schon aus. Hier ist eine der fünf Maschinen dieser Art zu sehen, die bei der Bundesluftwaffe zum Einsatz kamen.
Foto: Schliephake

(über 25 C-47) und die VR China (über 50 Li-2).
Waren 1978 noch rund 550 DC-3/C-47 im zivilen Luftverkehr zu finden, so ist die Zahl im Laufe der seitdem vergangenen knapp eineinhalb Jahrzehnte beträchtlich zurückgegangen. Andere Typen haben ihre Nachfolge angetreten. Immerhin fliegen in Kanada noch annähernd 60 »Drei«, und sie werden nicht nur als Passagier- und Frachtflugzeuge benutzt, sondern finden auch als Tanker (mit Wasser) bei der Bekämpfung von Waldbränden und als Sprühflugzeuge in der Land- und Forstwirtschaft Verwendung.
Daneben sind auch noch Exemplare jenes Flugzeugs zu finden, das bei seinem Erscheinen 1940 als das größte zweimotorige Flugzeug der Welt galt. Es ist die Curtsss C-46 »Commando«, ein Tiefdekker wie die DC-3/C-47 mit einer Spannweite von 32,94 und einer Rumpflänge von 23,26 Metern. Ursprünglich als Verkehrsflugzeug für 40 bis 60 Passagiere entwickelt, erwies sie sich als militärischer Transporter neben der C-47 als besonders erfolgreich. Maschinen dieses Typs waren es, die in den Jahren 1942 bis 1945 amerikanische und chinesische Streitkräfte im Kampf gegen die Japaner, die Burma erobert hatten, mit Lebensmitteln und allen anderen Nachschubgütern versorgten. Die sogenannte »Buckel-Route« über eine Strecke von 800 Kilometern zwischen dem britischen Vorderindien und Kunming in China war die längste »Luftbrükken«-Operation während des Zweiten Weltkrieges.
Mehrere hundert C-46 wurden nach dem Krieg zu zivilen Transportflugzeugen umgebaut und zahlrei-

Die 14+06 der Bundesluftwaffe in »normaler« Ausführung Foto: Schliephake

che fanden im Luftverkehr – vorwiegend in Nord-, Mittel- und Südamerika – Verwendung. Auch heute noch fliegen einige Maschinen dieses Typs als Frachter. So setzt – um nur ein Beispiel zu geben – die Air Manitoba im kanadischen Winnipeg neben sechs DC-3/C-47 und anderen Typen vier Curtiss C-46 »Commando« ein.

Die Erfahrungen, die man bei Douglas mit dem Bau der DC-2 und DC-3 gesammelt hatte, flossen auch in den Bau der Bomber B-18 (ab 1935 der Truppe zugeführt) sowie A–20 und A–26 »Invader« ein. Eine Flotte von 17 Maschinen des Musters A–26 benützt die Gesellschaft Air Spray neben anderen Flugzeugen für die Waldbrandbekämpfung.

SAS
Hamburg
6
Link
KAC
14

Die Suche nach den Nachfolgern der DC-3

Kaum war der Krieg beendet, entstanden in den Konstruktionsbüros der westlichen Luftfahrt-Industrie – ausgenommen waren einstweilen die Deutschen – zahlreiche neue Flugzeugtypen. Manche blieben Ideen auf Papier, andere wurden verwirklicht, und einige konnten sich einen Platz in der jüngeren Geschichte der Zivil-Luftfahrt sichern. Unter diesen Entwürfen waren auch verschiedene, die Nachfolger der DC-3/C-47 werden sollten, was einen hohen Anspruch bedeutete.

Verlangt wurde ein Flugzeug, das die Spezifikationen des »Bulletin 7 A« des damaligen »Bureau Of Air Commerce« der USA erfüllen sollte. Gefordert wurden darin:

- eine Nutzlast von 4000 Kilogramm bei einem maximalen Abfluggewicht von zirka elf bis zwölf Tonnen;
- die Beförderung von 19 bis 21 Passagieren auf Sitzen;
- Start und Landung auf Graspisten von rund 1000 Metern Länge.

Mit diesen Leistungen, die von der DC-3 erbracht wurden, galt der Typ Mitte der 30er Jahre als Groß-Flugzeug, das viele für seine Zeit revolutionäre Ideen verwirklichte. Der Verkaufspreis betrug damals je nach Ausstattung zwischen 100 000 und 125 000 US-Dollar je Stück.

Wie bereits erwähnt, waren die zahlreichen C-47-Transporter aus den »Surplus«-Beständen der alliierten Luft-Streitkräfte – und hier vor allem der amerikanischen – billig zu haben. Vor allem kleine Luftverkehrs-Gesellschaften und Frachtflieger bekamen auf diese Weise einen wirtschaftlichen Flugzeugtyp zu einem akzeptablen Preis. Daneben aber hatten die großen Carrier Bedarf an einem moderneren und noch komfortableren Flugzeug-Typ, der auf kurzen Strecken bis zu 1000 Meilen (1600 km) neben den zulaufenden viermotorigen Flugzeugen für die Langstrecken eingesetzt werden konnte.

Schon 1945 gab American Airlines Spezifikationen für einen »DC-3-Nachfolger« heraus, der bis zu 30 Fluggäste bequem und relativ schnell befördern konnte. Diese Spezifikationen waren für die Firma Convair, die bis dahin vorwiegend Kriegs-Flugzeuge gebaut hatte und eine Tochter des US-Konzerns General Dynamics war, Anlaß, ihren Prototyp CV.110 für 30 Passagiere zu entwickeln. Schom am 8. Juli 1946 konnte die neue Maschine in San Diego ihren Jungfernflug absolvieren, doch dann ging es Convair mit American Airlines sehr ähnlich wie 13 Jahre zuvor Douglas mit TWA: Man verlangte ein noch etwas größeres Flugzeug, das bis zu 40 Passagiere befördern konnte. Es war die Geburtsstunde der Convair CV.240; denn American Airlines erteilte einen Auftrag über 75 Maschinen dieses Musters, die erste ging am 1. Juni 1948 in den Liniendienst.

Zwar sorgte die Tatsache, daß es die DC-3/C-47 noch sehr zahlreich und preiswert zu kaufen gab und die Ersatzteil-Versorgung für diesen Typ auf Jahre hinaus gesichert war, dafür, daß sich die georderten

Zweifellos erfolgreichster Nachfolger der DC-3 ist die Fokker F.27 aus Holland. Die Maschine wird in modifizierter Form als Fokker 50 noch heute gebaut. Hier eine F.27–600 von SAS. Foto: Wölfer

Zwei typische »Ablöser« der DC-3/C-47 in den 60er Jahren: Vorn eine Beech 99 für 13 Passagiere im Zubringer-Flugverkehr, hinten eine Convair CV.240 von Alaska-Airlines.
Foto: Archiv Wölfer

Bei der Swissair war – wie bei vielen anderen Fluggesellschaften in der ganzen Welt – die Convair CV.440 »Metropolitan« Nachfolger der DC-3.
Foto: Archiv Wölfer

Die von der schwedischen Firma Saab gemeinsam mit dem amerikanischen Flugzeugbauer Fairchild entwickelte SF 340 für 30 bis 40 Passagiere flog erstmals Mitte 1982 und konnte sich seitdem einen Markt in verschiedenen Ländern erobern. Der sogenannte »Launch Carrier« für diesen Typ war die Schweizer Crossair. In Deutschland wird er von der Delta Air/ Friedrichshafen geflogen. Kurzfristig setzte auch die in Liquidation gegangene Air Bremen zwei SF 340 ein. Foto: Archiv Wölfer

Stückzahlen in Grenzen hielten, doch insgesamt wurden 215 CV.240 verkauft. 1951 wurde die CV.240 überarbeitet. Der Rumpf wurde um knapp 1,40 Meter verlängert, die Flügelfläche vergrößert, und die Leistung der Motoren stieg von 2100 auf 2500 PS je Triebwerk. Ergebnis war die Convair CV.340, die nun 44 Passagiere befördern konnte.

Die Luftverkehrs-Gesellschaften und die amerikanischen Luftstreitkräfte griffen auch bei diesem Typ zu, der am 5. Oktober 1951 seinen Erstflug absolvierte, und so wurden mehr als 300 gebaut.

Betrachtet man die große Zahl von Konstruktionen, die in den ersten Jahren nach dem Krieg als »DC-3-Nachfolger« angepriesen wurden, dann zeigt sich, daß keines der unter diesem Anspruch angepriesenen Flugzeuge wirklich ein echter »Nachfolger« war. Aber man muß auch bedenken, daß ein »Groß-Flugzeug« der 30er Jahre, das nun von anderen, größeren und leistungsstärkeren Flugzeugen »überholt« wurde, vielleicht gar nicht zu ersetzen war.

Natürlich gab und gibt es seit Kriegsende, und das ist immerhin fast ein halbes Jahrhundert her, zahlreiche Neukonstruktionen, die zwar nicht als »Nachfolger«, aber doch als modernerer Ersatz dienen und die technisch mit der Zeit gehen.

Da sind Flugzeuge zu nennen wie die britische Scottish Aviation »Twin Pioneer« und die Short »Skyvan« und die Nachfolgemuster 330 und 360, ist – in großer Stückzahl auf allen Kontinenten vertreten – die aus kanadischer Produktion stammende DHC-6 »Twin Otter«, ein höchst robustes Flugzeug mit zwei Propellerturbinen, das 19 Passagiere oder eine entsprechende Gewichtsmenge Fracht aufnimmt.

Spricht man von den DC-3-»Nachfolgern«, dann müssen noch andere Flugzeuge genannt werden, die in den 40er und 50er Jahren entwickelt und

Aus der Shorts SC.7 »Skyvan« entwickelt, ist der Typ 330 das erste Commuterflugzeug gewesen, in dem den 30 Passagieren der Komfort eines »Groß-raum«-Flugzeugs geboten wird. Die Fünf-Blatt-Luftschrauben der Propellerturbinen sorgen für einen besonders ruhigen Flug.
Foto: Archiv Wölfer

Zu den Flugzeugen, die die Nachfolge der DC-3 angetreten haben, gehört auch die Dornier Do 228 für 15 bis 19 Passagiere. Sie ist inzwischen bei vielen Fluggesellschaften im Einsatz.
Foto: Deutsche Aerospace

Die AIR-METAL AM-C 111 »Stol-Lifter« war als DC-3-Nachfolger konzipiert. In der Passagierausführung sollte das robuste Flugzeug bis zu 20 Fluggäste befördern, die unterschiedlichen Konzeptionen sahen auch den Transport von zwei LD-1-Containern oder zwei Fracht-Iglus vor. Sogar ein VW-Transporter oder ein Jeep und einige Soldaten hätten im Rumpfmittelstück Platz gefunden. Gebaut wurde der Torso eines Prototyps, zur Produktion kam es aus Kapitalmangel jedoch nicht.
Foto: Archiv Wölfer

gebaut wurden, aber bei weitem nicht eine solche Verbreitung im Luftverkehr fanden wie die gute, alte »Drei«. Da ist die Vickers »Viking«, die schon 1944 nach einer Anforderung des britischen Kriegsministeriums für eine Transportversion des »Wellington«-Bombers entstand und am 22. Juni 1945 ihren Erstflug absolvierte. Sie wurde in großer Zahl gebaut und kam bei British European Airways, ihren Tochtergesellschaften und Carriern in Argentinien, Dänemark, Indien, Irak, Irland und Süd-Rhodesien zum Einsatz. Außerdem wurden zahlreiche Varianten für unterschiedliche Einsatzzwecke an die RAF geliefert. Bei Saab in Schweden wurde 1944 ebenfalls ein Nachfolgemuster für die DC-3 entwickelt, die Saab 90 »Scandia«. Sie entsprach in ihrem Äußeren und in ihren Leistungen etwa der Convair 240 und konnte 24 bis 32 Passagiere befördern. Zwar wurde die Maschine auf einer Europa-Tournee verschiedenen Fluggesellschaften vorgestellt, doch keine – außer der schwedischen AB Aerotransport – konnte sich zu einer Bestellung entschließen. So flogen die wenigen gebauten Flugzeuge dieses Musters nur bei ABA, die 1948 Teil von SAS wurde, und bei der brasilianischen Fluggesellschaft Aerovias Brasil (später: VASP).

In Frankreich entstand die Aérospatiale (Nord) N 262 für bis zu 39 Passagiere. Diese Maschine besaß zwei Propellerturbinen, wurde zwar auch als Ersatz für die DC-3 angesehen – doch auch die N 262 wurde es nicht. Da hatte die Fokker F.27 (heute: Fokker 50) doch erheblich bessere Karten. Die Planungen für dieses erfolgreiche Flugzeug, das in ständig verbesserter Form noch immer gebaut wird, begannen 1950.

Der erste Prototyp der F.27 besaß eine Druckkabine für 28 Passagiere, die Reichweite lag bei 500 Kilometern. Weiterentwickelt entstanden die Varianten Mk.100, 200, 300 und 500 und dazu militärische

Ausführungen. Jüngste Ausführung ist die Fokker F 50, von der jährlich 34 Maschinen bei Fokker gefertigt werden.

Ähnlich wie im Westen machte man sich auch in der UdSSR schon bald nach Kriegsende Gedanken über einen Nachfolger der DC-3/C-47 und Li-2. Sie fanden ihre praktische Umsetzung in der Iljuschin Il-12, einem Tiefdecker für 27 Passagiere und vier Besatzungsmitglieder. Flugzeuge dieses Typs kamen bei der sowjetischen Aeroflot, bei der tschechoslowakischen CSA und bei Polens LOT zum Einsatz. 1953 wurde die Iljuschin 12 – die in ihrem Äußeren und in ihren Leistungen vergleichbaren amerikanischen Maschinen entsprach – durch die verbesserte Il-14 ersetzt. Sie war über Jahre hinweg das Kurzstrekken-Flugzeug bei den Fluggesellschaften der Ostblockstaaten und flog auch bei der DDR-Lufthansa, die später zur Interflug wurde. Überdies wurden rund 80 Maschinen dieses Typs zwischen 1956 und 1959 beim VEB Flugzeugbau in Dresden in Lizenz gebaut. Auch bei Avia in der damaligen CSSR entstanden Il-14 nach sowjetischer Lizenz.

Die Interflug beziehungsweise Lufthansa-Ost war übrigens die einzige Fluggesellschaft, bei der die Li-2 aus sowjetischen Beständen nicht eingesetzt wurde. Die damalige ostdeutsche Lufthansa begann ihren Flugbetrieb im Februar 1956 mit der Il-14.

Weltweit wird weiterhin Bedarf für wirtschaftlich nutzbare Klein-Verkehrsflugzeuge bestehen, die zwischen 18 und 30 Passagiere aufnehmen können oder entsprechende Fracht zu befördern vermögen. Die Anforderungen, an diese Flugzeuge – Beispiele dafür mögen die Dornier-Typen 228 und 328 sein – sind aber natürlich ganz andere als die, die vor sechs Jahrzehnten an die DC-2 oder DC-3 gestellt wurden. Dennoch fehlt es nicht an Versuchen, die noch vorhandenen C-47 oder DC-3 zu »verjüngen«. So tauchen auf den Luftfahrt-Ausstellungen immer

Die Aera der DC-3 (ganz hinten) geht zu Ende. Auf den langen Strecken von Air France kommen DC-4 zum Einsatz, für die kurzen und mittleren Strecken wird die Vickers »Viscount« 708 eingesetzt.
Foto: Air France

Bei der sowjetischen Aeroflot und bei den übrigen Gesellschaften des Ostblocks ersetzen Iljuschin-Maschinen der Typen Il-12 und Il-14 die Lisumow Li-2, also die Nachbauten der DC-3. Nur die ostdeutsche Lufthansa setzte von Anbeginn ihres Flugbetriebes 1956 die Iljuschin Il-14 für 24 bis 32 Passagiere ein. Hier zwei Ost-LH-Maschinen um 1956 auf dem Flughafen von Leipzig.
Foto: Archiv Wölfer

wieder modifizierte Flugzeuge auf, die mal mit zwei und gelegentlich sogar mit drei Propellerturbinen anstelle der beiden Sternmotoren ausgerüstet sind. Die Tri Turbo Three Corporation stellte eine solche DC-3 mit drei Turboprops bereits vor mehr als zehn Jahren vor, die Firma Basler in Oshkosh/Wisconsin hat eine Reihe von DC-3 modifiziert (unter anderem wurde der Rumpf um einen Meter gestreckt) und mit zwei Propellerturbinen ausgestattet. Die in ihren Leistungen gegenüber dem Ausgangsmuster gesteigerten Flugzeuge werden unter der Bezeichnung Basler Turbo 67 verkauft, und kürzlich wurde sogar eine solche Maschine in Europa vorgestellt. Interesse wurde bekundet, von Aufträgen ist nichts bekannt geworden. Allerdings fliegt eine Maschine bei der Gesellschaft, die zur Firmengruppe Basler gehört, und die Air Colombia in Bogota setzt neben zwei DC-3/C-47 im Originalzustand vier Basler Turbo 67 ein.

Diese Bemühungen werden aber nichts daran ändern, daß die Zeit der »Drei« als wirtschaftliches Verkehrsflugzeug vorbei ist. Sie ist längst Geschichte geworden und hat selbst vielfältig Geschichte gemacht. Vergleichbar ist sie eigentlich nur mit der deutschen Junkers Ju52/3m, und es hätte Donald W. Douglas sicherlich gefreut, hätte er erfahren, daß die von der Lufthansa gekaufte und in vielen Arbeitsstunden in der Luftwerft Hamburg wieder voll einsatzfähig gemachte »alte Tante Ju« ein Paar Räder einer ehemaligen DC-3 trägt.

Und so, wie die Ju52/3m der Lufthansa Traditionsflug GmbH noch oft über unseren Köpfen dahinbrummen wird, so werden wir auch noch diese oder jene DC-3 fliegen sehen – Zeugnisse einer Zeit, in der das Fliegen vom Abenteuer zum Alltäglichen wurde.

CLASSIC WINGS

Im Cockpit der »Drei«

Unzählige Piloten – ganz gleich ob in militärischer Mission oder in ziviler – haben die DC-3/C-47 geflogen und so mancher nimmt noch heute im Cockpit Platz. Zu ihnen gehört der Schweizer Flugkapitän Paul Barth. Er begann seine fliegerische Laufbahn im Cockpit einer »Drei« der Swissair und beendete seine aktive Berufslaufbahn als DC-10-Captain. Heute sitzt er wieder im Cockpit einer DC-3. Wie es dazu kam, hat Captain Barth so geschildert:

»Nach gut einem Jahr dauernder intensiver Ausbildung in der Pilotenschule der Swissair saß ich im Frühjahr 1959 zum ersten Male am Steuer eines richtigen Verkehrsflugzeugs, der DC-3. Mehr als zehn Tonnen schwer, zweimotorig und voll für den Instrumentenflug (im Volksmund auch »Blindflug« genannt) ausgerüstet.«

»Die Maschine faszinierte mich von Anfang an, und meine Begeisterung für die »Grand Old Lady« hat bis heute kaum nachgelassen. Ich habe mich oft gefragt, woher das kommen mag – vermutlich liegt es an der Einmaligkeit dieses legendären Flugzeugs und an der Berühmtheit, die es nicht zuletzt während des Zweiten Weltkrieges als »Arbeitspferd der Lüfte« erreicht hat. 1935, beim Erstflug, wurde unbestritten ein Meilenstein für den Beginn der modernen Verkehrsfliegerei gesetzt. Die DC-3 war das erste Flugzeug, welches damals schon nach den gleichen Grundsätzen konzipiert worden ist, die mehr oder weniger noch heute ihre Gültigkeit haben. Sie war ihrer Zeit um Jahre voraus, und auch in unseren Tagen gibt es für gewisse und schwierige Einsatzgebiete noch nichts Vergleichbares.«

»Als ich Ende der 50er Jahre meine Verkehrspiloten-Laufbahn begann, habe ich das Flugzeug nur kurze Zeit geflogen, nämlich zur Erlangung meiner Berufspiloten- und Instrumentenflug-Lizenzen. In den nun folgenden rund 30 Jahren führte ich zuerst als Copilot und später als Kapitän das Steuer der Convair 440 »Metropolitan«, der SE-210 »Caravelle«, der DC-9 und der DC-8. Als Geschenk zu meinem Fünfzigsten schließlich folgte die DC-10, die modernste Maschine, die damals zu haben war. Dieses Groß-raum-Flugzeug, ein Nachkomme der DC-3, war mit seinen Flugeigenschaften als auch dank der modernsten technischen Ausrüstung wohl diejenige Maschine, die ich am liebsten geflogen habe – wenn da nicht noch die DC-3 ihren Platz beanspruchen würde.«

»In all den Jahren meiner Tätigkeit als Captain bei der Swissair sind jedesmal, wenn ich irgendwo in der Welt einer DC-3 begegnet bin, die Erinnerungen an den Beginn meiner Laufbahn wach geworden. Das für mich wohl bemerkenswerteste Ereignis in dieser Hinsicht war die sich mir vor etlichen Jahren in Kenia unverhofft bietende Gelegenheit, als damaliger DC-10-Kapitän wieder selber das Steuer meiner alten Liebe übernehmen zu dürfen.«

»Mit dem Erreichen des 58. Lebensjahres stand meine Pensionierung als Linienpilot bevor. Ich fühlte

Fast ein Familienausflug! Rundflug-Passagiere auf dem Weg zur DC-3 von Classic Wings. Foto: Wölfer

mich für das Rentnerdasein jedoch noch zu jung und zu aktiv und habe mich deshalb nach einer neuen Tätigkeit in der Fliegerei umgesehen. Hier bot sich nun völlig unerwartet die Möglichkeit, den Ring wieder zu schließen, und meine Pilotenlaufbahn auf dem Flugzeug zu beenden, auf dem ich seinerzeit angefangen hatte.«

»CLASSIC AIR suchte erfahrene Kapitäne, möglichst mit DC-3-Erfahrung. Ich habe die Gelegenheit beim Schopf gepackt und kann heute nach mehr als vier Jahren sagen, daß es sich gelohnt hat: Dieselbe Begeisterung, die gleiche Faszination wie vor 30 Jahren!«

»Auf diesem Flugzeug ist das Fliegen noch echte Handarbeit. Wir Piloten sind nicht Sklaven der Automation und der Computer. Wir sind gefordert – und dies macht echt Spaß. Ist die Maschine erst einmal in der Luft, ist sie außerordentlich gutmütig. Doch am Boden, beim Rollen, bei Start und Landung mit Seitenwind, erweist sie sich echt kapriziös und verlangt – wie ein Vollblutpferd – rascheste Reaktionen und eine kräftige Hand.«

»Dies erklärt sich ganz einfach dadurch, daß eine DC-3 keinerlei Radsteuerung wie ein modernes Flugzeug besitzt. Sie läßt sich am Boden lediglich durch asymetrische Motorenleistung und mit den Bremsen dirigieren. Die Geradeführung ist deshalb wie bei jedem Spornradflugzeug mit einigen Schwierigkeiten verbunden. Schon mancher erfahrene Pilot mußte dies am eigenen Leib erfahren, wenn ihm das Flugzeug bei seitlichen Windböen unverhofft ausgebrochen ist. Auch die Leistung, im Fachjargon ›Performance‹ genannt, entspricht nicht ganz derjenigen eines modernen Düsenflugzeugs.«

»Doch all das sind Herausforderungen, deren Meistern enorme Freude und Befriedigung bringt. Dazu kommt die sagenhafte Robustheit der Maschine, eine Robustheit, die seither nie wieder erreicht worden ist. Von den weit über 11000 Exemplaren, die zwischen 1935 und 1947 gebaut worden sind, fliegen heute noch weltweit mehr Maschinen im täglichen Einsatz, als andere moderne Flugzeuge an Stückzahlen jemals überhaupt erreicht haben. Und ich bin fest davon überzeugt, daß auch in 20 oder 30 Jahren noch DC-3 anzutreffen sind, wenn modernstes Fluggerät bereits zum »alten Eisen« gehört und längst ausgemustert ist.«

»Hiermit komme ich zur Faszination des fliegerischen Erlebnisses. Eine DC-3 zu fliegen ist wie das Fahren eines Oldtimer-Autos. Man erlebt alles hautnah. Wir fliegen langsam und in niedrigen Höhen. Man sieht die Welt und deren Geographie wohl von oben, aber aus einer ganz anderen Perspektive als mit einem modernen Düsenflugzeug aus zehn oder zwölf Kilometern Höhe. Ich habe in den vergangenen rund vier Jahren mehr über die landschaftlichen Schönheiten und die Geographie Europas gelernt als vorher in dreißig Jahren Linienfliegerei. Und nicht zuletzt: Eine DC-3-Besatzung besteht lediglich aus zwei Piloten und einer Hosteß. Wir sind eine eingeschworene, kleine Familie, und unsere Fluggäste sind nicht einfach eine große Anzahl anonymer Passagiere. Wir haben keine Panzertüren am Cockpit. Der Kapitän begrüßt und verabschiedet, genau wie vor über fünfzig Jahren, seine Gäste persönlich, und sie dürfen während des Fluges im Cockpit der Besatzung über die Schulter schauen und ihre Fragen stellen. Dies alles schafft menschliche Kontakte, welche im heutigen Zeitalter der Massenfliegerei nur noch selten sind.«

»Man kann das Fliegen einer DC-3 im Jet-Age mit wenigen Worten charakterisieren. Sie lauten:

- Faszination;
- Erlebnis;
- Genuß;
- Einmaligkeit.

Leider weiß ich nicht genau, woher der nachfolgende Ausspruch stammt, aber er ist unbestritten völlig richtig:

Flugkapitän Paul Barth
CLASSIC AIR AG.
Foto: privat

»The only way to replace a DC-3 is another DC-3!« (Der einzige Weg, eine DC-3 zu ersetzen, ist eine andere DC-3!)

Ähnlich fasziniert vom »Gooney Bird« wie Flugkapitän Paul Bart ist Hanfried Schliephake. Der Hauptmann a. D. der Bundesluftwaffe ist mit dem von ihm liebevoll als »Charly Fortyseven« bezeichneten Muster lange Zeit geflogen und hat mit der C-47 viele hundert Stunden in Sturm und Regen, in schwersten Gewittern, bei stärkster Vereisung, im schönsten Sonnenschein und in finstersten Nächten verbracht. Und so ist es kaum verwunderlich, wenn aus seinem Bericht noch heute viel Zuneigung zum »Gooney Bird« spricht:

Hauptmann Hanfried Schliephake als Bordnavigationsfunkoffizier in einer C-47 der Bundesluftwaffe. Er sitzt hier an der Flugvermessungs-Anlage für TACAN-Bodenfunk-Navigationsanlagen. Foto: privat

»Bei der Aufstellung der Bundeswehr wurde vom Führungsstab der Luftwaffe die von der französischen Firma Nord Aviation entwickelte Nord 2501 »Noratlas« als zukünftiges Transport-Flugzeug ausgewählt. Aber die Auslieferung dieses Baumusters, von dem die ersten 25 aus französischer Fertigung kamen und die restlichen 148 in der Bundesrepublik in Lizenz gebaut wurden, unterlag gewissen Verzögerungen, so daß die Amerikaner einsprangen und der neuen Luftwaffe zwanzig Transportflugzeuge vom Baumuster Douglas C-47 zur Deckung der von der Luftwaffe dringend benötigten Lufttransport-Kapazität schenkten.«

»Diese ehemaligen USAF/RAF-Kriegsveteranen wurden ab März 1957 von Fields at Tollerton in Großbritannien – nach einer Grundüberholung durch das Materialübernahme-Kommando Erding – an die 1. Staffel des Lufttransport-Geschwaders 61 ausgeliefert.«

»Da standen sie nun, die legendären »Dizzy Threes«, die wir bisher nur vom Hörensagen und durch die zahlreichen Schlagzeilen kannten, die sie in der internationalen Presse machten. Diese Meldungen galten aber nicht etwa den hervorragenden Eigenschaften und Leistungen der DC-3, sondern handelten von Zwischenfällen mit diesem Typ in aller Welt.«

»Das wiederum war nicht verwunderlich, denn zu jener Zeit flogen noch unzählige DC-3 als »Charly Fortyseven«, »Skytrain« und »Skytrooper«, »Dakota«, »Duk« oder auch liebevoll »Gooney Bird« bezeichnet, von denen die Alliierten einen Teil des nicht mehr benötigten Bestandes als »Surplus«-Material verkauften oder – wie im Fall der Bundesluftwaffe – sogar verschenkten.«

»Bei den meisten der Besatzungsmitglieder, die nun die zwanzig Luftwaffen-C-47 fliegen sollten, handelte es sich um sogenannte »Refresher«. Das waren altgediente Flugzeugführer, Bordmechaniker, Beobachter und Bordfunker der ehemaligen Luftwaffe, denen die Umschulung auf die »C« keine großen Schwierigkeiten bereitete. Die Flugzeugführer, die nach ihren ersten Flugstunden auf der »Harvard« Mark IV nun ins Cockpit der C-47 umstiegen, fanden, daß sie sich nur wenig von den »Führersitzen« ihrer früheren Transport-Flugzeuge unterschied. Es kam ihnen lediglich etwas enger und unbequemer vor, was sich bei längeren Flügen unangenehm bemerkbar machen sollte.«

»Die zwei hervorragenden 14-Zylinder Pratt & Whitney R1830–90-Doppelsternmotoren von je rund 1200 PS ließen die »Unbequemlichkeit« jedoch schnell vergessen. Sie liefen wie ein Uhrwerk, und wenn einer mal nicht so recht wollte, dann schaffte es der andere auch allein, was ungeheuer beruhigend war. Sogar bei Vollast, also bei 2700/min, überraschte der ruhige Lauf dieser Triebwerke, die darüber hinaus auch noch aufeinander abgestimmt (synchronisiert) werden konnten. Wie rauh liefen dagegen in früheren Zeiten die wohl auch braven BMW 132 unserer Junkers Ju 86 E-Schulmaschinen in Finsterwalde, die oft die ganze Zelle des Flugzeuges in heftiges Schütteln versetzten und die Flügel so zum Schwingen brachten, daß man das Gefühl nicht loswerden konnte, sie würden brechen. Damals konnte man dort schon die Beutemaschinen des KG 200 bewundern. Wenn in Finsterwalde »Fliegende Festungen« von Boeing starteten, glaubte man wirklich, die Motoren seien mit Butter geschmiert, so angenehm ruhig liefen sie. Und nun besaßen wir in unseren »Cs« selbst so wunderbare Triebwerke.«

»Auch das Fahrwerk, das – ähnlich wie bei der He 111 – aus zwei kräftigen Gabelpaaren bestand, in denen die beiden Niederdruck-Laufräder geführt wurden, war »robust« im wahrsten Sinne des Wortes. Das zahlte sich aus, als uns eine unserer »Cs« beim Start durchging. Sie hatte eine derart starke Bö verpaßt bekommen, daß sie ausbrach, von der Piste runterging, eine kleine Böschung mit einem kurzen Sprung überwand und nach 100 Metern fürchterlichen Holperns über einen frisch gepflügten Sturzakker stehenblieb. Nach abenteuerlicher Bergung, die Stunden dauerte und anschließender Überprüfung des Fahrgestells konnte der Start wiederholt und der Heimflug angetreten werden. Selbst die Erdinger Fahrwerksvermesser konnten später kein Tüpfelchen Abweichung von den gegebenene Bezugswerten feststellen. Das würde heute wohl kein anderes Flugzeug mehr schaffen, ohne dabei zu Bruch zu gehen.«

»Ein weiterer Pluspunkt war, daß die beiden Laufräder in eingezogenem Zustand noch soweit aus den Motorenverkleidungen herausragten, daß das ganze Flugzeug auf ihnen ruhen konnte. Bei einer eventuellen Bauchlandung verbogen sich nur die Luftschraubenblätter, die Zelle dagegen konnte mit etwas Glück unbeschädigt bleiben.«

»Die Bremsen schließlich mußten mit viel Gefühl betätigt werden, denn die »Charly Fortyseven« neigte dazu, nach vorn zu kippen. Einer Besatzung sollte diese bittere Erfahrung nicht erspart bleiben. Sie war nach einem anstrengenden Flugdienst-Tag auf einem zwischen Weser und Rhein gelegegenen Jabo-Platz gelandet. Bekanntlich läßt sich auf den verdammt schmalen Taxiways dieser sogenannten NATO-Plätze wohl einigermaßen mit Jagdbombern operieren, an andere, größere Flugzeuge haben die Planer offensichtlich nicht gedacht, besonders nicht an Tiefdecker mit Spannweiten von knapp 29 Meter, wie sie die C-47 nun einmal hat.«

»Jedenfalls rollte unsere Besatzung am anderen Morgen nichts Böses ahnend, wieder auf diesen schmalen Pfaden zur »Number-One-Position«, als plötzlich ein Hindernis in Form von Betonröhren vor ihnen auftauchte, die neben dem Taxiway aufgestapelt lagen und an denen die C-47 mit ihren lang ausgestreckten Flügeln hängen geblieben wäre. Was blieb also übrig, um ein Unheil zu verhüten, als kräftig auf die Bremsen zu steigen? Und schon stand

Die14+09 im Tarnanstrich. Die orangeroten Markierungen entsprechen der 14+07. Foto: Schliephake

die Mühle kopf! Ein einmaliges Flieger-Denkmal. Zum Glück kam niemand zu Schaden, nur unsere »C« mußte abgewrackt werden.«
»Noch ein Wort zur Zelle. Sie war unwahrscheinlich stabil gebaut, was schon rein äußerlich durch die unzähligen Nieten und Schräubchen sichtbar war. Allerdings waren die Ruder stoffbespannt, und so wurden sie einmal auf dem Fliegerhorst Penzing bei allen dort abgestellten Maschinen von taubeneiergroßen Hagelkörnern total zerfetzt.«
»Im Fluge passierte so etwas Gott sei Dank nie. Unzählige Male gerieten unsere C-47 in schwere Hagel- und Gewitterschauer, denen einfach nicht auszuweichen war. In solchen Situationen hat sich das Flugzeug immer wieder bewährt. Selbst die an und für sich einfache pneumatische Enteisung funktionierte einwandfrei, ganz gleich um welche Art von Vereisung es sich handelte. War der Eis-Ansatz an der Flügel-Vorderkante entsprechend gewachsen, sprengte der Bordmechaniker die Eiskruste durch Betätigen der mit Druckluft beschickten Schläuche der Enteisungsanlage einfach ab. Die Luftschrauben-Blätter dagegen wurden mit einer stark alkoholhaltigen Flüssigkeit eisfrei gehalten – was nicht zu überhören war – denn bei jedem Enteisungsvorgang krachten die Eisbrocken von den Luftschrauben mit solcher Wucht gegen den Rumpf, daß man sich zuweilen in stärkstes Flak-Sperrfeuer zurückversetzt fühlte.«
»Vorsintflutlich war eigentlich nur die gesamte Bordelektronik, denn wir »Refresher« waren von der alten Luftwaffe weit Besseres gewöhnt. Aber was soll's: Überglücklich, überhaupt wieder fliegen zu können, gingen wir – nur mit einem Radiokompaß, einem VHF- und einem HF-Gerät sowie einem »Marken Receiver« ausgerüstet – über Land und bevölkerten das ohnehin immer dichter frequentierte Luftstraßen-Netz des westlichen Europas. Ein paar Maschinen verfügten immerhin schon über einen zweiten Radiokompaß, aber das war die Ausnahme.«
»Um diese Elektronik in Schuß zu halten, mußten unsere Mechaniker der Funkwerkstatt wahre Wun-

der vollbringen. Besonders der Radiokompaß hatte es in sich. Stand irgendwo ein Gewitter in der Gegend, dann spielte er verrückt und seine Nadel zeigte nicht mehr auf das anzufliegende NDB, sondern schwenkte immer in Richtung Gewitter. Da hieß es, dieses rechtzeitig zu erkennen, den vorgeplanten Kurs beizubehalten und nach Zeit weiterzufliegen. Wenn man sich vorher noch den Wind erflogen hatte – der vorhergesagte stimmte in den wenigsten Fällen – dann schaffte man es immer einigermaßen, in den plus/minus drei Minuten über dem Pflichtmeldepunkt zu sein.«

»Über das ARC-3-VHF-Gerät wurde die Verbindung mit der Flugsicherung hergestellt. Acht Kanäle konnten gerastet werden, was für einen Flug von A nach B nie ausreichte, zumal ein Kanal immer mit 121,5 MHz belegt sein mußte. So war man laufend damit beschäftigt, jeweils zwei Quarze – einen für den Sender und einen für den Empfänger – neu zu stecken und abzustimmen. Obendrein wurden die Geräte nach kürzester Betriebszeit so heiß, daß sie auszufallen drohten, was nur durch Entfernen der Geräteschutzdeckel zur besseren Kühlung verhindert werden konnte. Wenn die Reichweite des ARC-3 nicht mehr ausreichte – und das passierte besonders bei Flügen über Spanien oder dem südlichen Mittelmeer – mußte auf HF gegangen werden. Die Empfänger dieser Anlage waren relativ einfach zu bedienen, aber die Sender waren »technische Wunderwerke«. Zehn Kanäle konnten nach umständlichem Wälzen eines »Calibration Book« und den daraus ermittelten Werten an fünf Abstimm-Elementen eingestellt und gerastert werden. Ob genügend »Saft« in der Antenne war, wurde zusätzlich mit dem Bleistift oder aber mit einer Glimmlampe überprüft. Das Tollste war dann jedesmal ein automatischer Frequenzwechsel, wenn zum Beispiel von der taktischen Funktastfrequenz auf eine Flugsicherungs-Sprechfrequenz übergegangen werden mußte. Dann drehten sich alle fünf Abstimmräder gleichzeitig und liefen eines nach dem anderen – immer auf dem kürzesten Wege – in die vorgerastete Stellung ein. Es wurde erzählt, daß der Erfinder dieser faszinierenden Mechanik nach Vollendung seines Werkes verrückt geworden sei.«

»Gerade auf unserer Rennstrecke, auf der »Green 8« in die Türkei, spielten sich da immer die tollsten Sachen ab. Über Caraffa erreichte man Rom auf der VHF-Frequenz nicht mehr, und für die HF-Frequenz waren Rom und Athen Control zunahe. Da passierte es auf HF immer wieder, daß Cairo Control alle unsere Meldungen an Rom und Athen übermittelte. Glaubte man nun endlich, über Araxos auf VHF mit Athen in Verbindung zu kommen, dann verhinderten meist die »Gewitter vom Dienst« in diesem Gebiet jedes Loslassen der Steuersäulen und das Greifen zum Handmikrophon. Spätestens hier setzte für beide Piloten harte Knochenarbeit ein, denn bei diesen Wetterverhältnissen wollte die »C« geflogen werden, da sprang jeder Autopilot raus, der bei der »C« sowieso nie richtig funktionierte. Hier zeigte sich, wer fliegen konnte und welche Schläge einzustecken die C-47 in der Lage war.«

»1961/62 wurden alle C-47 der Luftwaffe mit neuer Bordelektronik ausgerüstet und standardmäßig, bis auf das HF-Gerät, der »Noratlas« angepaßt. Von nun an waren in dieser Hinsicht alle Probleme schlagartig beseitigt, insbesondere das »Contact«-Glücksspiel. Lediglich einen Schildbürgerstreich hatten sich die »großen Planer« in Wahn doch geleistet. Anstatt das für den Bordnavigationsfunker bestimmte Instrumentenbrett mit den beiden ADF, dem VOR, TACAN und ILS-Anzeigen, dem Höhen- und Fahrtmesser sowie die Uhr am Arbeitsplatz des Navigators zu belassen, plazierte man es in den Laderaum der Maschine. Was es da sollte, weiß der Kuckuck.«

»Dem armen Bordnavigationsfunker blieb nun nichts anderes übrig, als ständig von seinem Arbeitsplatz nach hinten in den Laderaum zu rennen, die Instrumentenwerte abzulesen und sie dann vorn an seinem Arbeitsplatz ins Log beziehungsweise in die Karte einzutragen. Dem »wahnsinnigen« Fehlplaner gebührt noch heute der Dank aller C-47-Bordnavigationsfuker.«

»Man könnte viele Anekdoten von der »Charly Forty-seven« berichten, die bei ihrem Einsatz als Transport- und Flugvermessungsmaschine oder bei den vielen Sonderaufgaben, die man ihr zugedacht hatte, entstanden – aber das würde den Rahmen dieser kleinen Rückblende sprengen.«

»Man sollte aber nicht schließen, ohne die Männer zu erwähnen, die mit der Wartung dieser Maschine betraut wurden; die Techniker der Truppe und das Wartungspersonal der Lufthansa-Werft in Hamburg-Fuhlsbüttel. Sie alle haben in vielen Jahren zur hohen Flugsicherheit der C-47 beigetragen. Besonders die Wartungsmannschaft der Lufthansa-Werft hat mit viel Liebe die alten Maschinen betreut, obwohl sicherlich die Arbeit in der selben Halle an den Boeing- und McDonnell Douglas-Airlinern für sie interessanter gewesen sein dürfte.«

»Jedesmal, wenn die Maschinen aus der Hamburger Kontrolle zum Verband zurückkamen, sahen sie aus, als hätten sie gerade eben ihre Fertigungshalle in Santa Monica verlassen. Oft genug haben sich ausländische Besatzungen – fast schon mit nostalgischer Wehmut – unsere »Cs« angesehen und waren überdies voll des Lobes über den einmaligen Wartungszustand dieser Flugzeuge. Obwohl sie sich mit einem Ausdruck leichten Mitleids von uns verabschiedeten, der ausdrücken sollte, daß wir, die wir im Zeitalter der Großraum-Flugzeuge die »Charly Forty-seven« fliegen mußten, doch eigentlich zu bedauern seien, so haben sie uns doch – das glaube ich jedenfalls – um unsere prächtigen Oldtimer auch etwas beneidet. Die erforderten nämlich fliegerisches Können und auch Wagemut – Dinge, die ihnen, den Kapitänen der Luftstraßen, weitgehend von einer immer perfekteren Technik abgenommen wurden.«

Flugkapitän Jörn Willenbrock im Cockpit der »Delta Quadro Charlie«. Foto: Wölfer

Zu den Piloten, die von der DC-3 begeistert waren, gehörte auch Flugkapitän Jörn Willenbrock aus Großhansdorf bei Hamburg. Er war einer der Piloten, der die bisher letzte in Deutschland zugelassene »Drei«, die »Delta Quadro Charlie« (D-CCCC), flog. Sie gehörte der Frankfurter Gesellschaft Classic Wings. Ich lernte Flugkapitän Willenbrock vor einem Rundflug über Hamburg mit seiner DC-3 im Juli 1991 kennen. Damals erzählte ich ihm von der Arbeit an meinem Buch und bat ihn, mir etwas über die Fliegerei mit der »Drei« zu berichten. Wer von uns konnte damals ahnen, daß sich das Leben dieses prächtigen Mannes schon fünf Monate später, am 22. Dezember 1991, erfüllen würde. Am Mittag dieses Tages berührte die D-CCCC aus bisher noch unbekannten Gründen den Hohen Nistler bei Heidelberg und stürzte ab. Mit Jörn Willenbrock starben weitere 27 Menschen – Passagiere und Besatzungsmitglieder. Mir bleibt nun an dieser Stelle nur, ihm ein kleines Denkmal zu setzen.

»Es fasziniert mich einfach alles an der DC-3«, sagte Captain Willenbrock begeistert. »Solche Flugzeuge waren für mich der Grund, Pilot zu werden. Auf die Jet-Fliegerei hätte ich leicht verzichten können!«

Der langjährige Flugkapitän wußte wovon er sprach, hatte er doch neben der Boeing 727 A, B und C auch die McDonnell Douglas DC-10–30 und den Boeing-Jumbo 747–200 geflogen, nachdem er seine fliegerische Laufbahn im Herbst 1954 mit der Ausbildung zum Segelflieger begann. Insgesamt folgten 1200 Stunden als Segelflieger, die mit der Motorseglerlizenz und der Lehrberechtigung abgeschlossen wurden. Jörn Willenbrock erhielt das goldene »C« mit drei Diamanten – die höchste Stufe des Segelflieger-Leistungsabzeichens.

Im Februar 1956 begann seine Ausbildung als Motorflieger. Nach Ablegung der notwendigen Prüfungen für den Privat-Pilotenschein (PPL) einschließlich der Schlepp- und Fangschleppberechtigung im Juli 1956 machte er einen Fluglehrer-Lehrgang und schloß ihn im Juni 1957, einschließlich Kunst- und Nachtflugschulung, ab. Im November 1957 erwarb er die Lizenz CPL2 und führte 1958 Rundflüge, Fotoflüge und Bannerschlepp sowie Gesundheitsflüge beim Hamburger Aero Lloyd durch. Damals wurden keuchhustenkranke Kinder in bestimmte Höhen geflogen, um sie von ihrem Leiden zu befreien. Jörn Willenbrock hat damals am Steuer des zweimotorigen Doppeldeckers De Havilland DH89A »Rapide« gesessen.

Begann der temperamentvolle Flugkapitän damit, die Typen der Flugzeuge aufzuzählen, die er schon geflogen hat, fielen Namen wie die Piper »Cup« und sieben andere Muster dieser Firma, dazu sieben verschiedene Cessnas, fünf Beechcraft von der BE33 bis zur BE90 »King Air«, zwei weitere De Havilland-Muster und mehr als ein Dutzend anderer ein- und zweimotoriger kleinerer Flugzeuge. Dann folgten die Verkehrsflugzeuge.

Im Januar 1959 trat Jörn Willenbrock in die Dienste der Lufthansa und war sieben Jahre hindurch Lehrer an der Verkehrsfliegerschule der LH in Bremen für Privat- und Verkehrspiloten. Hier erwarb er selbst auch die Airline Traffic Pilot Licence (ATPL) einschließlich der Langstreckenflugberechtigung Nr. 1418. Ab 1. Januar 1966 flog er Passagierflugzeuge der Lufthansa, zunächst die Convair CV.340/440 »Cosmopolitan«, dann ab August 1968 die Boeing 727 in verschiedenen Versionen. Insgesamt saß er 7743 Stunden hinter dem Steuerknüppel der B-727, davon 5605 Stunden als 1. Flugzeugführer.

Im Februar 1978 wurde er Kapitän auf der McDonnell Douglas DC-10–30 und flog sie 1985 Stunden als 1. Flugzeugführer; dann folgte die Boeing 747–200 ab November 1981. Im Oktober 1988 schloß er sein »Logbuch« mit 4700 Stunden als 1. Flugzeugführer des Jumbos ab.

Schon im Dezember 1987 flog er erstmals die DC-3 der Classic Wings. Eigentlich hatte Jörn Willenbrock die Ju52/3m, das Traditionsflugzeug der Lufthansa, fliegen wollen, doch seine Bewerbung hatte nicht den gewünschten Erfolg. Einer der Ju-Piloten der Lufthansa, der von der Ablehnung seiner Bewerbung erfahren hatte, gab ihm den Tip, es bei Classic Wings für die DC-3 zu versuchen. Daß man dort froh war, einen Piloten mit seiner Qualifikation und seinen rund 20000 Flugstunden für die »Drei« gewinnen zu können, versteht sich fast von selbst. Über diese Tätigkeit hinaus war Jörn Willenbrock bis zu seinem Tod noch außerdem ständig als Fluglehrer beim HFC Hamburg (DLH-Fluggruppe) und als IFR-Lehrer (Instrumentenflug) bei der Verkehrsfliegerschule Hamburg im Einsatz. Daneben flog er für verschiedene Firmen mit Beechcraft BE90 »King Air« und Cessna 421 und war als Luftfahrtsachverständiger tätig.

In seinem ureigensten Element aber fühlte er sich, wenn er in 400 bis 500 Meter Höhe am Steuer der DC-3 dahinbrummte und wußte, daß in der Kabine Menschen saßen, die der Faszination dieser Form des Fliegens ebenso erlagen wie er.

Die letzten »Gooney Birds«

Rund 14 000 DC-3 dürften gebaut worden sein, rechnet man die in der UdSSR als PS-84 und Li-2 gebauten Maschinen in die Gesamtzahl ein; 14 000 Flugzeuge, von denen heute noch einige Hundert fliegen. Dies ist um so erstaunlicher, als auch die jüngsten von ihnen mehr als 40 Jahre auf dem »Buckel«, sprich: auf der Zelle haben. In Nord-, Mittel- und Südamerika, in Afrika und im Fernen Osten finden sie noch immer ihre Aufgaben.

Anders in Europa. Hier gibt es nur noch wenige flugfähige Exemplare. Mit deutschem Register flog bis zu ihrem Absturz am 22. 12. 1991 nur eine, die D-CCCC der CLASSIC WINGS Flugreisen GmbH in Frankfurt/Main. 1989 gegründet, erhielt das Charterunternehmen am 18. Mai 1990 die Musterzulassung für die »Grand Old Lady«, die immerhin schon 1942 gebaut worden war. Bevor diese Musterzulassung erteilt wurde, hatten die Flug- und Fahrzeugwerke (FFA) in Altenrhein/Schweiz die einst bei SAS eingesetzte Maschine einer gründlichen Überholung unterzogen.

Die Schweiz ist übrigens das zweite Land, in dem die DC-3 zu Nostalgie-Flügen eingesetzt wird. Die Firma CLASSIC AIR – sie hat nichts mit der Frankfurter Firma zu tun – wurde am 17. Dezember 1985 gegründet, genau 50 Jahre nach dem ersten Flug der ersten DC-3, die ja eigentlich noch die Bezeichnung DST trug. Begeisterungsfähige Aktionäre brachten das Kapital auf und investierten 2,2 Millionen Franken, um einen Traum Wirklichkeit werden zu lassen: den Traum vom Fliegen mit der DC-3. In Kanada und Großbritannien fanden sich zwei Maschinen, die bei den Flug- und Fahrzeugwerken Altenrhein auf höchsten technischen Standard und Passagierkomfort gebracht wurden. Dann begann der Aufbau einer anspruchsvollen Infrastruktur als Fluggesellschaft und die Suche nach Kunden.

Der Erfolg stellte sich überraschend schnell ein. Konnten im ersten Betriebsjahr 1986 mit einer Maschine 2197 Passagiere in 164 Flugstunden befördert werden, so waren es 1989 mit den beiden Flugzeugen bereits 12 484 Passagiere auf 766 Flugstunden. Und die Beförderungszahlen steigen weiter – immer mehr Menschen wollen im Flug mit der DC-3 einen Hauch jener Nostalgie verspüren, wie ihn nur noch die Besitzer von Oldtimer-Automobilen oder die Reisenden im Orient-Express genießen können.

Wie groß das Interesse an der »Drei« in der Schweiz und im nahen europäischen Ausland ist, zeigt die Tatsache, daß das jährlich erscheinende CLASSIC AIR BORD MOSAIK eine Auflage von immerhin 40 000 Exemplaren hat.

Ein ganz besonderes Ereignis darf hier nicht vergessen werden. Am 24. Oktober 1990, fast fünfzig Jahre nach Einstellung des Flugbetriebs der Swissair zwischen Zürich und Berlin, landete wieder eine Maschine der Schweizer Luftverkehrsgesellschaft in der Spree-Metropole. Es war eine DC-3 in den alten Vorkriegsfarben der Swissair, doch man wird die HB-ISB vergeblich in der Flottenliste des nationalen

Zur »Legend-Air« hat sich eine Gruppe von »Dakota«-Freunden aus Luxemburg und Belgien zusammengeschlossen. Sie haben eine ehemalige C-47 A, die am 15. September 1943 an die 12th US.Air Force ausgeliefert wurde, übernommen. Im Juni 1989 wurde die Maschine mit dem Taufnamen »Le Petit Prince« (Der kleine Prinz; Titel einer Geschichte des französischen Piloten und Dichters Antoine de Saint-Exupéry) von den jetzigen Besitzern erworben. Foto: Legend-Air

Reminiszenz an alte Zeiten in unseren Tagen. Gekleidet wie vor dem Krieg flog eine Besatzung mit einer DC-3 in den Vorkriegsmarkierungen aus Anlaß der Wiederaufnahme des Flugverkehrs Zürich–Berlin im geeinten Deutschland 1990. Flugzeug und Besatzung hatte sich die Swissair »leihen« müssen – von der CLASSIC AIR in Zürich Kloten! Foto: Swissair

Eine der beiden DC-3 – die HB-ISB – der Schweizer CLASSIC AIR.
Foto: CLASSIC AIR

Blick in das mit allen modernsten Navigationsinstrumenten ausgestattete Cockpit einer DC-3 von CLASSIC AIR. Die Ausrüstung erlaubt Allwetter-Einsätze.
Foto: CLASSIC AIR

Carriers der Eidgenossen suchen. Die Maschine war von der CLASSIC AIR gechartert worden. Im Cockpit saßen Captain Roger Suter, der 35 Jahre für die Swissair geflogen ist, bevor er sich nach seiner Pensionierung wieder ans Steuer der DC-3 setzte, und sein Senior First Offizier Heinz Peier. In der Kabine bediente Stewardess Ruth Baggenstos von CLASSIC AIR die Passagiere dieses Sonderfluges, Persönlichkeiten aus Politik und Wirtschaft sowie einige Medienvertreter, in der alten Vorkriegsuniform.
Rund drei Stunden dauerte der unvergeßliche Flug von Zürich nach Berlin-Tegel, wo der Maschine und ihrer Besatzung sowie den Fluggästen ein ebenso unvergeßlicher Empfang bereitet wurde.
Doch diese DC-3 sind nicht die einzigen Maschinen dieses Typs, die noch an Europas Himmel zu sehen sind. Ähnliche Nostalgie-Fluggesellschaften gibt es auch in anderen Ländern – beispielsweise in Finn-

...und fliegt... und fliegt... und fliegt!
Diese Super-DC-3 mit der Zulassung C-GGKG fliegt noch heute in Kanada bei der Fluggesellschaft Milliardair. Die 1942 als C-117 gebaute Maschine ist als Frachter in Ontario im Einsatz, und mit ihr zusammen sind noch sieben weitere Flugzeuge dieses Musters bei Milliardair im Dienst. Foto: Archiv Wölfer

land, Norwegen und Schweden. Die nachfolgende Liste erhebt keinen Anspruch auf Vollständigkeit, zeigt aber doch auf, wo in unseren Tagen noch DC-3 (C-47) fliegen.

- CLASSIC WINGS GmbH, D-6000 Frankfurt/Main
  D-CCCC (ex C-53); abgestürzt nahe Heidelberg am 22. Dezember 1991.
- CLASSIC AIR AG, CH-8058 Zürich
  HB-ISB (C-47), HB-ISC (C-47)
- ARM PALFEM, E-07001 Palma de Mallorca
  EC-EIS (C-47), EC-FAH (C-47)
- DAKOTA NORWAY, N-3200 Sandefjord-Lufthavn
  LN-WND (C-53)
- AIR VETERAN FINLAND OY, SF-00701 Helsinki
  OH-LCD (C-47), OH-LCH (C-53)
- DÄNISCHES LUFTWAFFEN-MUSEUM
  OY-BPB (C-47)
- FLYGANDE VETERANER, S-16169 Bromma Flygplats
  SE-CFP (C-47)
- LANDGRAEDSLA RIKINSIS, IS-851 Hella
  TF-NPK (C-47) im Einsatz als landwirtschaftliches Sprühflugzeug.

Einst war die C-47 – hier eine Traditionsmaschine – das größte Transportflugzeug der amerikanischen Luftwaffe. Heute ist es die Lockheed C-5A »Galaxy«. Sie kann 35 Ladungen der C-47 auf einem Flug befördern. Foto: Wegemann

Mit dieser DC-3 – einer früheren Transportmaschine C-47 »Dakota« der Royal Air Force – unternahm die kleine englische Fluggesellschaft NORTHWEST in den frühen 80er Jahren Rundflüge, u. a. während der Luftfahrtschau vom Flughafen Hannover.
Foto: Wölfer

Typisch für die Transportflugzeuge des Musters C-47 – bei der Royal Air Force trugen sie die Bezeichnung »Dakota« – war die doppeltürige Frachtpforte anstelle der einfachen Tür bei den zivilen Maschinen. Das machte die C-47 als zivile Frachtmaschine interessant.
Foto: Wölfer

DC-3 mit drei Turboprop-Triebwerken. In dieser Form präsentierte die amerikanische Fluggesellschaft POLAR INTERNATIONAL AIRLINES (POLAIR) auf dem Luftfahrt-Salon von Le Bourget bei Paris 1979. Die »Turbo-Three« in ihrer gelbschwarzen Markierung und den Schneekufen am Radgestell war zwar ein auffälliger Anblick, doch bei näherem Hinsehen erkannte der Besucher der Schau, wie sehr der Zahn der Zeit an diesem Flugzeug genagt hatte. Foto: Wölfer

Neben diesen Maschinen gibt es noch Traditionsmaschinen, wie zum Beispiel eine DC-3 der Dutch Dakota Association (Holländische »Dakota«-Vereinigung), die in ihrem äußeren Erscheinungsbild eine DC-3 der KLM repräsentiert. Der Jubiläumsflug zum MacRobertson Luftrennen von Amsterdam über London nach Melbourne in Australien wurde mit einer von fünf noch fliegenden DC-2 durchgeführt. Gesponsert wurde dieser Flug, der schon in einem früheren Kapitel erwähnt wurde, von KLM und einer holländischen Fernseh-Gesellschaft. Schließlich verfügen verschiedene Luftwaffen in Europa über gutgewartete, flugfähige Tradtionsmaschinen. So flog beispielsweise der britische Botschafter in Bonn, Sir Christopher Mallaby, im Juni 1988 zur 40-Jahrfeier der Berliner Luftbrücke von Frankfurt aus mit einer »Dakota« der RAF nach Berlin. Außerdem ist – wie schon erwähnt – die C-47 in Europa bei den Luftwaffen der Türkei (mehr als 40) und Griechenlands (rd. 10) im Einsatz. Die Li-2 aus sowjetischer Produktion wird in mehr als sechs Exemplaren bei den Luftstreitkräften Albaniens geflogen.

Lisumow Li-2
(Sowj. Lizenzfabrikat
der DC-3/C-47)

Marken-Zeichen

Natürlich kann ein Fan der DC-3/C-47 den Versuch unternehmen, eine gebrauchte Maschine dieses Musters käuflich zu erwerben – vielleicht in den USA oder in Kanada, wo der Typ ja noch im Einsatz ist. Anschließend müßte man das Flugzeug zerlegen und in Container verpacken lassen, damit es die Schiffsreise übersteht. Vielleicht findet sich auch ein wagemutiges Pilotenteam, das die »Drei« im Flug überführt, doch spätestens nach der Landung auf dem nächstgelegenen Flughafen stellt sich dem neuen Besitzer die Frage: Und wohin damit nun? Nicht jeder dürfte die Möglichkeit haben, die neuerworbene Maschine in den eigenen Garten oder – wie Flugkapitän Günter Kurfiss – auf den Aussichtsgärten der Flughäfen zur Schau zu stellen. Also heißt es, sich zu bescheiden.

Das bedeutet keineswegs, daß man völlig auf den Besitz eines dieser zweimotorigen Oldtimer verzichten muß. Modellbaufirmen bieten einen Ausweg, die geliebte »Drei« wenigstens en miniature in Besitz nehmen zu können. Und außerdem ist die »Drei« auf vielen Ansichtspostkarten der 30er, 40er und 50er Jahre abgebildet. Mal gezeichnet, mal fotografiert, schwarzweiß und farbig – die Palette ist groß, wenn es heute auch nicht mehr ganz einfach ist, an die begehrten Stücke zu kommen. Bei den Fluggesellschaften, die sie einmal eingesetzt haben, sind die Karten von damals längst ausgegangen oder in Unkenntnis späterer Wertschätzung vernichtet worden. Aber auf Trödelmärkten läßt sich das eine oder andere Exemplar gelegentlich noch auftun, und wer eine Reise in die USA oder nach Kanada plant, der sollte dort die Augen offenhalten.

Einfacher ist da schon die Anlage einer Briefmarken-Sammlung zum Thema DC-3/C-47/Li-2; denn das wohl populärste Verkehrsflugzeug der Welt ist längst zum »Marken-Zeichen« in der Philatelie geworden. Kaum nämlich hatte sich die DC-3 zu ihrem Jungfernflug erhoben, waren ersten Exemplare der DC-2 in den Liniendienst gegangen, erschienen auch schon die ersten Briefmarken mit diesen beiden Flugzeugtypen.

Den Anfang machte – soweit sich feststellen läßt – Peru 1936. Guatemala und Nicaragua folgten genau wie Japan 1937, und 1938/39 folgte in Venezuela eine Serie, bei der die DC-3 über Ölfeldern und Landschaften zu sehen ist. Allein diese Serie trägt mit allen Farbänderungen und Ergänzungswerten 50 Marken zur Sammlung bei, dichtauf gefolgt von Chile, wo die »Drei« seit 1941 auf annähernd 30 Postwertzeichen »fliegt«.

In Europa ist das Flugzeug als DC-3/C-47 auf zahlreichen Marken in West und als Li-2 auf solchen in Ost abgebildet. Genannt seien hier: Finnland (1944), Frankreich (1959/64), Italien (1948), Jugoslawien (1949), Österreich (1947), Schweden (1972), die Schweiz (1944), die Türkei (ab 1949) und Guernsey (1973). Das sind nur einige der Marken, auf denen die »Drei« mehr oder weniger gut getroffen zu sehen ist.

Darstellungen der Li-2 finden sich auf Postwertzeichen von Polen (1946), Rumänien (1945), der damaligen CSSR (1953) und von Ungarn (1947, Roosevelt-Ausgabe). Sehr hübsch sind – weil hier gelungene Detaildarstellungen geschaffen wurden – die 1946 in Luxemburg erschienenen Marken, die nur den Backbordmotor mit dem Flügel über dem Schloß Vianden zeigen, und die zwei Marken von Niederländisch-Indien (heute: Indonesien), die den Rumpfbug der DC-2 mit den beiden charakteristischen Landescheinwerfern und den Stander über der Pilotenkanzel zeigen. Und auch eine Marke Afghanistans, die 1965 zum 10jährigen Jubiläum der Fluggesellschaft Ariana Afghan Airlines erschien, verdient es, erwähnt zu werden. Auf ihr ist der Rumpfbug einer DC-3 im Flug von rechts nach links zu sehen, und dabei ist deutlich das nur halb eingezogene Backbord-Rad in der Motorengondel zu erkennen.

DC-3-Parade in Amsterdam-Schiphol um 1952. Vorn die PH-TBR von KLM, dahinter die HB-IRI von Swissair und anschließend zwei weitere »Drei«. Über den Cockpits sind Flaggen in den Landesfarben gesetzt; das Foto für diese Ansichtskarte stammt von KLM.

Frühe farbige Ansichtskarte des Flughafens Düsseldorf. Auf dem Vorfeld eine DC-3 der Sabena, dahinter eine Convair CV.440 »Metropolitan« der Swissair. Zeitpunkt der Aufnahme cirka 1957.

Ob in Asien, im Pazifikgebiet oder in Afrika und im Nahen Osten – es gibt keinen Erdteil, auf dem die »Drei« nicht geflogen wäre und nur wenige Länder, auf deren Briefmarken sie nicht zu sehen ist. Nur in zwei Ländern habe ich sie bisher vergeblich gesucht: in den USA und in der UdSSR. Bisher scheint die »Drei« dort nicht für abbildenswert auf Briefmarken befunden worden zu sein. Unter den Marken der USA gibt es allerdings eine (Michel-Katalog Nr. 539), die den Einmarsch der amerikanischen Truppen in Paris zeigt. Und mit viel Phantasie könnte man eine C-47 über den Soldaten erkennen. Auszuschließen ist es nicht; denn schließlich war sie ja auch das Rückgrat der Transport-Verbände bei der Invasion im Juni 1944.

Ansichtspostkarte des Flughafens München-Riem, davor eine startbereite DC-3 der Swissair.

Eine DC-3 auf einer Werbe-Ansichtskarte von Intra Airways, Jersey/Kanalinseln. Die sechs Maschinen dieser Gesellschaft waren 1976 noch im Einsatz.

Mittlerweile sind weltweit schon über 150 Marken mit Darstellungen der »Drei« erschienen, so auch eine in West-Berlin 1979 im Rahmen der Jugendmarken. Auf ihr ist mit dem Kennzeichen NC 14388 die erste DC-3 zu sehen. Weitere dürften in den nächsten Jahren weltweit erscheinen, und so ist dem Sammeln praktisch keine Grenze gesetzt. Ergänzen kann man diese Sammlung überdies noch mit Sonder-Ganzsachen, Sonderstempeln und Flugbriefen (USA/Kanada).

DC-3 von Buffalo Airways in den North West Territories von Kanada. Die 1986 (!) gegründete Fluggesellschaft setzte neben einer DC-4 sechs DC-3 ein, die im Winter mit Skiern versehen werden.

Sehr beliebt bei DC-3-Fans sind die »Sticker«, die es von verschiedenen Fluggesellschaften gibt.

Anhang

*Douglas DC-2 und DC-3 mit deutscher Zulassung**

Vor 1945
DC-2

D-ABEQ c/n 1318
von Fokker montiert, an LH März 1936, Taufname »Taunus«. An LOT/Polen im Februar 1937. Abgestürzt in Bulgarien am 25. November 1937.

D-AAIB c/n 1582
von Fokker montiert, März 1936 an die tschechoslowakische Gesellschaft CLS geliefert. März 1939 beschlagnahmt, an tschechoslowakische Luftverkehrs-Gesellschaft (T.L.V.G.) mit altem Kennzeichen OK-ATB, dann an LH. Im März 1941 nach Finnland verkauft.

D-AAIC c/n 1562
von Fokker im November 1936 an CLS als OK-AIC, März 1939 an LH. Mai 1941 an Aero Oy, Finnland, verkauft.

D-AAID c/n 1565
im Juli 1937 von Fokker an CLS als OK-AID. März 1939 an LH. 12. Dezember 1942 in Berlin-Tempelhof gesehen; Verbleib ungeklärt.

D-ABOW c/n 1365
im Mai 1935 an KLM (PH-AKS). 15. Mai 1940 von deutschen Truppen erbeutet; an LH, Verbleib ungeklärt.

D-AEAN c/n 1363
im Mai 1935 an KLM (PH-AKQ). 15. Mai 1940 von deutschen Truppen erbeutet; an LH, Verbleib ungeklärt.

D-AJAW c/n 1356
im April 1935 an KLM (PH-AKJ). 15. Mai 1940 von deutschen Truppen erbeutet; an LH, Verbleib ungeklärt.

Vor 1945
DC-3

D-AAIE C7n 2023
von Fokker im Januar 1938 an CLS geliefert, OK-AIE, mit gleicher Zulassung nach Einmarsch der deutschen Truppen in die CSR bei T.L.V.G. geflogen. Dann zu LH. Bei Luftangriff auf Stuttgart-Echterdingen 1944 schwer beschädigt; Verbleib ungeklärt.

D-AAIF c/n 2024
von Fokker im Januar 1938 an CLS geliefert, OK-AIF, mit gleicher Zulassung nach Einmarsch der deutschen Truppen in die CSR bei T.L.V.G. geflogen. Dann zu LH; Verbleib ungeklärt.

D-AAIH c/n 1973
von Fokker im August 1937 an CLS geliefert, OK-ATH, 1939 an LH, Verbleib ungeklärt.

D-ABUG c/n1935
im März 1937 von Fokker an KLM geliefert (PH-ALH). Am 16. Mai 1940 von deutschen Truppen erbeutet, an die Luftwaffe als PC+EA, dann an LH, Verbleib ungeklärt.

D-AOFS c/n 2036
im April von Fokker an KLM geliefert (PH-ASK). Von deutschen Truppen am 9. April 1940 in Oslo-Fornebu erbeutet. An die Luftwaffe als NA+LB, anschließend an LH; Verbleib ungeklärt.

---

*) Diese Liste wurde aus Angaben der Lufthansa und dem Buch »The Douglas Commercial Story« von Peter Berry zusammengestellt. Die D-CCCC von CLASSIC WINGS wurde bereits früher genannt.

D-ARPF c/n 1943
im März 1937 von Fokker an KLM (PH-ALV). 16. Mai 1940 von deutschen Truppen erbeutet, zur Luftwaffe als NA+LC; dann an LH, Taufname »Flugkapitän Sluzalak«. Im Dezember 1945 in Spanien entdeckt, zurück an KLM (PH-TBF), danach an Skyways London (G-AICV). Im Mai 1950 abgebrochen.

D-AAIG c/n 2096
im Januar von Fokker an CLS geliefert (OK-AIG). Nach der Besetzung im März 1939 an die T.L.V.G. mit demselben Kennzeichen, danach an LH; Verbleib ungeklärt.

Ebenfalls bei Lufthansa sollen zwei weitere DC-3 mit den Zulassungen **D-ATJG** und **D-ATZP** geflogen sein. Möglich ist, daß es sich um folgende Maschinen handelte:

PH-ASR
von Fokker im März 1939 an KLM geliefert. Am 16. Mai 1940 von der deutschen Luftwaffe erbeutet und als VE+RR in Dienst gestellt; Verbleib ungeklärt.

PH-ASM
von Fokker im Juli 1939 an KLM geliefert. Am 16. Mai 1940 von der deutschen Luftwaffe erbeutet und als NA+LE in Dienst gestellt; Verbleib ungeklärt.

DC-3 nach 1945

D-CADE c/n 27108
für USAAF gebaut, am 7. Januar 1955 von der französischen Gesellschaft Aigle Azur erworben. Im Einsatz bei LH bis 1960. 2. November 1960 an Bavaria Fluggesellschaft, München, 1967 verkauft.

D-CADI c/n 19795
für USAAF gebaut, am 3. Juni 1955 von Compagnie Air Outre Mer/Frankreich erworben. Im Einsatz bei LH bis 1960. Verkauf an Fischer-Möller/Dänemark am 22. November 1960.

D-CADO c/n 13982
für USAAF gebaut. Von Lufthansa am 1. Juni 1955 erworben. Bis 1960 im Einsatz. Am 2. November 1960 an Bavaria Fluggesellschaft, München, 1967 verkauft.

D-CORA c/n 32867
im Einsatz bei Bavaria Fluggesellschaft, München. Keine weiteren Angaben erhältlich.

D-CNSF c/n 26977
für USAAF gebaut, später an RAF, dann an Bundesluftwaffe, verkauft an NORDSEE-FLUG, Hamburg, eingesetzt Hamburg/Westerland/Sylt.

D-CAFA c/n 6043
für USAAF gebaut. 1945 an National Skyways, später an Flying Tiger Line. Von dort nach Schweden. Vorgesehen für Hamburger Luftreederei, Hamburg. Nicht übernommen.

D-CABI c/n 1972
von Fokker im August 1937 an AB Aerotransport/Schweden geliefert. Ab 1948 bei SAS. Im Dezember 1957 für Deutsche Flugdienst GmbH vorgesehen. Wurde nicht abgenommen und ging weiter Austria Flugdienst GmbH. Im Dezember 1961 als Ersatzteil-Lieferant von Bavaria Fluggesellschaft, München, vorgesehen. An Flughafen München für Löschübungen. Im Oktober 1968 von Horst Hauschke ohne Tragflächen für symbolischen Preis von 1 DM erworben.

C-47 im Dienst der Bundesluftwaffe)*

GA+115 c/n 26716
C-47B-DK geliefert an USAAF. 1956 an Bundesluftwaffe. Später GR+115 und CA+015.

GA+108 c/n 26977
C-47 geliefert an USAAF, dann KK199 bei RAF. An Bundesluftwaffe, spätere Kennzeichen: GR+108, CA+016. Verkauft an NORDSEEFLUG. (siehe auch dort)

GA+117 c/n 26989
C-47B-DK geliefert an USAAF. Als »Dakota« Mk.IV an RAF (KK209). An Bundesluftwaffe 1956. Spätere Kennzeichen: XA+117, XA+111 und 14+01.

GA+105 c/n 32725
C-47B-DK an USAAF. Als »Dakota« Mk.IV (KN360) an RAF. 1956 an Bundesluftwaffe. Spätere Kennzeichen: GR+105, XA+112 und 14+02.

GA+116 c/n 32728
C-47B-DK an USAAF. An RAF als »Dakota« Mk.IV (KN361). Teilnahme an Luftbrücke nach Berlin. 1956 an Luftwaffe. Spätere Kennzeichen: GR+101, AS+581, AS+589 und XY+118.

GR+102 c/n 32737
C-47B-DK an USAAF. Als »Dakota« Mk.IV bei RAF (KN368). 1956 an Luftwaffe. Spätere Kennzeichen: AS+582, AB+591 und BD+591.

GA+114 c/n 32814
C-47B-DK an USAAF; an RAF als »Dakota« Mk.IV (KN393). 1956 an Luftwaffe. Spätere Kennzeichen: GR+114 und CA+017.

GR+103 c/n 33021
C-47B-DK an USAAF. 1956 an Bundesluftwaffe. Spätere Kennzeichen: AS+583 und XA+113.

GA+112 c/n 33024
C-47B-DK an USAAF. Als »Dakota« Mk.IV an RAF (KN499). 1956 an Luftwaffe. Spätere Kennzeichen: GR+105, AS+584, ND+202, XA+120 und 14+03.

AS+588 c/n 33052
C-47B-DK an USAAF. Als »Dakota« Mk.IV an RAF (KN516). 1956 an Luftwaffe. Spätere Kennzeichen: AA+588, XA+119 und 14+04.

GA+113 c/n 33064
C-47B-DK an USAAF. 1956 zur Luftwaffe. Spätere Kennzeichen: GR+113, CA+013, ND+106, XA+123 und 14+05.

GA+107 c/n 33143
C-47B-DK an USAAF, als KN547 »Dakota« Mk.IV an RAF. 1956 an Luftwaffe. Spätere Kennzeichen: GR+116, CA+014 und ND+202.

GA+110 c/n 33153
C-47B-DK an USAAF. An RAF »Dakota« Mk.IV (KN574). 1956 an Luftwaffe. Spätere Kennzeichen: AS+590, AB+590, BD+590 und 14+06.

GA+012 c/n 33194
C-47B-DK an USAAF. Als KN572 »Dakota« Mk.IV an RAF. 1956 an Luftwaffe. Spätere Kennzeichen: XA+124, 14+07.

GA+109 c/n 33203
C-47B-DK an USAAF. 1956 an Luftwaffe. Spätere Kennzeichen: GR+112, AS+589, ND+105, XA+120 und 14+08.

*) Diese Liste wurde unter Benutzung einer Aufstellung von Manfred Leihse, Dillingen/Saar, erstellt.

GA+102 c/n 33238
C-47B-DK an USAAF. Als KN597 »Dakota« Mk.IV an RAF. 1956 an Luftwaffe. Spätere Kennzeichen: GR+111, AS+587, CA+014.

GA+106 c/n 33273
C-47B-DK an USAAF. »Dakota« Mk.IV bei RAF (KN622). 1956 an Luftwaffe. Spätere Zulassungen: GR+116, ND+106, XA+114 und 14+09.

CA+011 c/n 33353
C-47B-DK an USAAF. An RAF »Dakota« IV (KN656). 1956 an Luftwaffe. Keine weiteren Kennzeichen.

GA+104 c/n 33429
C-47BDK an USAAF. 1956 an Luftwaffe. Spätere Kennzeichen: GR+109, AS+585, XA–115 und 14+10.

GA+111 c/n 33552
C-47B-DK an USAAF. Als KP250 »Dakota« Mk.IV an RAF. 1956 an Luftwaffe. Spätere Kennzeichen: GR+111, AS+586, XA+116 und 14+11.

Am 26. März 1976 wurde in Lechfeld feierlich die letzte C-47 der Bundesluftwaffe außer Dienst gestellt und am 14. April 1976 zur Lufthansa-Werft nach Hamburg geflogen. Dort wurde 14+01 (in dieser Liste an dritter Position aufgeführt) zivil bestuhlt, wie sie seinerzeit von der Lufthansa geflogen wurde. Am 10. August 1978 wurde das Flugzeug auf dem Landtransport nach Oberschleißheim gebracht und dort in einem Hangar aufbewahrt. Jetzt wird die Maschine, die im Besitz des Deutschen Museums, München, ist, wieder aufgerüstet und soll dann an die Außenstelle Oberschleißheim ausgestellt werden.

Technische Daten der DC-1, DC-2 und DC-3

	DC-1	**DC-2**	**DC-3**
Spannweite:	25,91 m	25,91 m	28,96 m
Länge:	18,29 m	18,90 m	19,66 m
Höhe:	4,95 m	4,95 m	5,85 m
Motoren:	2x Wright Cyclone SGR-1820-F3 à 710 PS	2x Wright Cyclone SGR-1820-F2 à 720 PS	2x Wright Cyclone G-102A à 1100 PS oder: Pratt & Whitney R18130-S1CG à 1000 PS
Reisegeschwindigkeit:	300 km/h	300 km/h	341 km/h
Reichweite:	800 km	800 km	870 km
Passagiere:	12	14	21 (später bis 32)
Startgewicht:	7945 kg	8255 kg	11068 kg

Militärische Ausführungen der DC-2 und DC-3

DC-2:
Die Maschinen vom Typ DC-2, die später für die USAAF gebaut wurden, trugen die Bezeichnungen C-32A, C-33, C-33A, C-34, C-38, C-39 und C-42. Die für die US-Marine gebauten Maschinen trugen die Bezeichnung R2D-1, gebaut wurden fünf Exemplare für den Stabsdienst bei Marine und Marine Corps.

DC-3:
Jeweils eine militärische DC-3 wurde unter den Typenbezeichnungen C-41 und C-41A gebaut. Es handelte sich um Stabsreisemaschinen mit 14 beziehungsweise 10 Sitzen. Dann begann der Bau mit der Typenbezeichnung C-47-DL, wobei die Zusätze jeweils Modifikationen bezeichnen. Es gab C-47A-DL, C-47A-DK als Transporter (5254 Maschinen) die HC-47A für den SAR-Dienst, die RC-47A als Aufklärer, die VC-47A und die VC-47A als VIP-Transporter. Von der C-47B-DL (aufgeladene Motoren, höhere Treibstoffkapazität und Heißluftheizung) wurden 300 Flugzeuge gebaut. Die bei der Bundesluftwaffe eingesetzten C-47B-DK gehörten zu 3064 Maschinen, die bei Douglas in Oklahoma gebaut worden waren. Weitere militärische Varianten der DC-3 trugen die Bezeichnungen C-48, C-49, C-50, C-51, C-52, C-53, C-68, C-84, C-117 mit verschiedenen Zusätzen.
Bei der Marine und dem Marine Corps flogen militärische C-47 mit den Bezeichnungen R4D-5, R4D-6, R4D-8 mit verschiedenen Zusatz-Buchstaben entsprechend den Modifikationen.

Bibliografie

The Douglas Commercial Story, Autor: Peter Berry, An Air-Britain Publication, 1971

European Transport Aircraft, Autor: John Stroud, Verlag Putnam, London, 1965

Airlines of the United States since 1914, Autor: R. E. G. Davies, Verlag Putnam, London, 1972

The Seven Skies, A Study of B. O. A. C. and its Forerunners since 1919, Autor: John Pudney, Verlag Putnam, London, 1959

The Plane that changed the World, Autor: Douglas J. Ingells, Verlag Aero Publishers Inc., Fallbrook, California/USA, 1966

Fokker – The Man And The Aircraft, Autor: Henri Hegener, Verlag Harleyford Publications Ltd., Letchworth, Herts./GB, 1961

Bilderlexikon der Flugzeuge, Autor: Paolo Matricardi, dtsch. Bearbeitung Hanfried Schliephake, Verlag Mondadori/Südwest, Mailand/München, 1986

The Douglas DC-3, Autor: Len Morgan, Verlag Arco Publishing Co., New York, 1964

Golden Anniversary; Broschüre der Firma McDonnel Douglas aus Anlaß der Fertigstellung einer restaurierten DC-2 1984

Douglas Through The Years, Festbroschüre zum 30. Jubiläum der Douglas-Werke, Santa Monica

Douglas DC-2 Transport, Werbebroschüre der Douglas-Werke, cirka 1935

Britains's Imperial Air Routes 1918 to 1939, Autor: Robin Higham, Ph. D., Verlag G. T. Foulis & Co. Ltd., London, 1960

Sie kommen! Der deutsche Bericht über die Invasion und die 80tägige Schlacht um Frankreich, Autor: Paul Carell, Ullstein-Taschenbuch, Verlag Ullstein GmbH, Frankfurt/Main-Berlin-Wien, 1972

Die Übersetzung der ersten Strophe des Herbstgedichtes von Paul Verlaine wurde diesem Buch entnommen. Sie stammt – frei zitiert – von Hanneliese Hindenberger (Paul Verlaine: »Gedichte«, Verlag L. Schneider, Heidelberg

jp airlines Fleets, Verlag Bucher, Zürich, verschiedene Jahrgänge

Propeller-Flugzeuge im Dienst des schweizerischen Fluglinienverkehrs 1919–1968, Autor: Ulrich Keller, Birkhäuser-Verlag, Basel, 1969

Zeitschriften:

Ausgewertet wurden zahlreiche Hefte der verschiedensten Luftfahrt-Zeitschriften, u. a. die von mir in den Jahren 1978 bis 1980 redigierte LUFTFAHRT INTERNATIONAL. In ihr ist seinerzeit in gekürzter Form eine von mir unter dem Pseudonym Hans H. Hagen geschriebene Serie über die DC-3/C-47 erschienen, die zur Grundlage für dieses Buch wurde.

Weiter ausgewertet wurden zahlreiche Zeitungsberichte über die »Drei« aus meinem in drei Jahrzehnten angelegten Archiv.

Ein Wort des Dankes

Das vorliegende Sachbuch hätte nicht geschrieben werden können, wäre mir nicht von vielen Seiten Unterstützung gewährt worden. Wenn ich auch auf viele Anfragen keine, auf manchen anderen Brief nur unzureichende Antworten bekam, so haben mir doch viele Menschen geholfen und zum Gelingen des Buches beigetragen. Mein besonderer Dank gilt Harry Gann, dem Luftfahrt-Historiker von McDonnell Douglas in Long Beach. Er hat mir nicht nur wertvolle zusätzliche Informationen geliefert, sondern mit einer großen Sendung einmaliger Fotos zur Illustration des Buches beigetragen. Christine Schneider von CLASSIC AIR AG, Zürich, sandte mir interessante Informationen und Fotos und vermittelte zwischen Flugkapitän Paul Barth und mir. Hauptmann a. D. Hanfried Schliephake stellte seine Erfahrungen mit der C-47 in gedrängter Form zur Verfügung. Er hätte noch so viel erzählen können... Werner Bittner vom Firmenarchiv der LUFTHANSA half mit Informationen und Fotos und soll hier stellvertretend für viele Mitarbeiter anderer Fluggesellschaften genannt werden. Ingeborg Ergenzinger von der Flughafen München GmbH trug ebenso zum Gelingen des Buches bei wie unzählige andere Kolleginnen und Kollegen aus den Pressestellen von Flughäfen und Carriern. Ihnen allen, die hier nicht namentlich genannt werden konnten, danke ich an dieser Stelle sehr für ihre Hilfe.

Joachim Wölfer

Bücher zum Abheben

Luftfahrt: Geschichte und Technik

Hans-Jürgen Becker, **Ju 52**
»Die alte Tante Ju« – eine fliegende Legende. Als Symbol für Zuverlässigkeit und Sicherheit ging sie in die Luftfahrtgeschichte ein. Hier ist ihre Geschichte mit allen Details, spannend, sachkundig und reich illustriert.
152 Seiten, 117 Abb., 11 farbig, geb.
48,– Bestell-Nr. 01420

Hans-Jürgen Becker, **Concorde**
Dieses Buch bringt die fesselnde und umfassende Entwicklungsgeschichte dieses riesigen und bislang einzigen Verkehrsflugzeuges, dessen Reisegeschwindigkeit bei der doppelten Schallgeschwindigkeit (Mach 2) liegt.
152 Seiten, 112 Abb., 12 farbig, geb.
48,– Bestell-Nr. 01419

Mike Riedner, **Faszination Fliegen**
»100 Jahre Luftfahrt« – der große Jubiläumsband.
502 Seiten, 550 meist farbige Abb., Großformat 245 x 305 mm, Leinen,
198,– Bestell-Nr. 01398

Stefan Blumenthal, **Grüße aus der Luft**
100 Jahre Luftfahrt und Fliegerei auf alten Ansichtskarten: Spannend, flott und unterhaltsam geschrieben und liebevoll illustriert, kombiniert mit zeitgenössischen Augenzeugen- und Erlebnisberichten – ein reizvolles Geschenk.
222 Seiten, 410 Abb., 64 farbig, geb.
58,– Bestell-Nr. 01336

Hans Redemann, **Die bahnbrechenden Konstruktionen im Flugzeugbau**
Richtungweisende Flugzeug-Konstruktionen, vom Wright-»Flyer I« bis zum Überschall-Airliner »Concorde«: Geschichte, Technik, Entwicklung, Daten, Fakten – mit vielen Fotos und Dreiseitenrissen.
248 Seiten, 310 Abbildungen, gebunden
69,– Bestell-Nr. 01293

Hans Giger, **Kolben-Flugmotoren**
Über 1000 Flugmotoren mit Bildern, allen Daten und Herstellern.
232 Seiten, 227 Abbildungen, gebunden
46,– Bestell-Nr. 01089

David Oliver, **Flugboote und Amphibienflugzeuge seit 1945**
Alle Typen aller Nationen.
144 Seiten, 186 Abb., 37 farbig, geb.
49,– Bestell-Nr. 01423

Morgenstern/Plath, **Airbus A 320 / A 321**
Im imposanten Großformat werden die Entwicklungsgeschichte, die Hintergründe und Zukunftsaussichten dieses europäischen Bestsellers detailliert aufgerollt.
136 Seiten, 79 Fotos, 38 farbig, 8 Zeichnungen, gebunden
59,– Bestell-Nr. 01360

Änderungen vorbehalten

Der Verlag für Luftfahrt-Bücher
Postfach 103743 · 7000 Stuttgart 10

Motor buch Verlag